微软办公软件国际认证标准教程——Microsoft Office Specialist 2010

赫 亮 主编

U0316725

中国铁道出版社有限公司
CHINA RAILWAY PUBLISHING HOUSE CO., LTD.

内 容 简 介

本书为微软办公软件国际认证（MOS）的指定教程，包含 Office 软件中应用最广的 Word 2010、Excel 2010 和 PowerPoint 2010 三个科目的讲解。本书采用任务驱动的形式，系统地介绍每一个科目最重要的知识点和能力点。在每一个任务开始之前，还配有该任务的应用解析，以帮助读者深入了解所讲解的内容如何在实际工作中应用。全书最后一篇的综合案例为多个能力项目的交叉和结合应用，可有效帮助读者提升实际工作中分析问题和解决问题的能力。

本书适合作为微软办公软件国际认证的培训和考试教程，也可以作为各院校师生和企事业工作人员提升自身文书排版、数据分析和简报演示等领域能力的参考用书。

图书在版编目（CIP）数据

微软办公软件国际认证标准教程：Microsoft Office Specialist 2010 / 赫亮主编. — 北京：中国铁道出版社，2013.3（2019.7 重印）

ISBN 978-7-113-16127-9

Ⅰ. ①微… Ⅱ. ①赫… Ⅲ. ①办公自动化－应用软件－教材 Ⅳ. ①TP317.1

中国版本图书馆 CIP 数据核字（2013）第 033165 号

书　　名：微软办公软件国际认证标准教程——Microsoft Office Specialist 2010
作　　者：赫 亮　主编

策　　划：秦绪好　赵　鑫　　　　　　　　　读者热线：（010）63550836
责任编辑：赵　鑫　徐盼欣
封面设计：付　巍
封面制作：白　雪
责任印制：郭向伟

出版发行：中国铁道出版社有限公司（100054，北京市西城区右安门西街 8 号）
网　　址：http://www.tdpress.com/51eds/
印　　刷：北京柏力行彩印有限公司
版　　次：2013 年 3 月第 1 版　　　　　2019 年 7 月第 5 次印刷
开　　本：787mm×1092mm　　1/16　印张：18.25　字数：443 千
印　　数：7 501～10 500 册
书　　号：ISBN 978-7-113-16127-9
定　　价：43.00 元（附赠光盘）

前 言

微软的 Office 办公软件在欧美一些国家又称"商业生产力套件"（Business Productivity Suite），这个称呼很准确地反映了 Office 软件的价值所在。卓越的 Office 软件应用技能，意味着更佳的工作效果——达成很多以前可望而不可即的目标；还意味着更高的工作效率——以往需要大量时间和人力的工作会变得一蹴而就。但遗憾的是，很多 Office 使用者由于应用水平不高，手握这样一件威力无穷的武器，却难以发挥其效力。微软办公软件国际认证（MOS）作为美国微软公司全球唯一认可的 Office 应用技能的国际标准，是帮助使用者迅速掌握 Office 软件正确的使用方法和应用技巧的一把钥匙。

关于 MOS 的详细信息，读者可以在本书的第 1 篇有更充分的了解。这里要谈的是，笔者在和全国很多院校师生及企业工作人员交流的过程中，最常遇到的两个问题。第一个问题是：学习 MOS 课程并通过相应科目的认证，究竟有何意义？笔者的体会是：首先，MOS 作为一套得到全球众多学术与行业组织、政府机构、高等学府及跨国企业认可的标准，通过该认证，可以让学习者在未来的求学和求职过程中更具竞争力；而且，通过 MOS 课程的学习和认证，将让学习者看到一片新的天空，能够在未来的工作中展现出出类拔萃的工作能力。第二个问题是：在参加完 MOS 课程的学习并通过了专家级甚至大师级别的认证后，究竟可以达到什么样的 Office 应用水准？笔者对于此问题的回答是：通过了认证，是学习者成为 Office 应用专家和大师的开始。能够将 Office 软件和自身的实际工作紧密结合并解决深层次的问题，才是真正的专家。而 MOS 作为一套系统和实用的标准，不但能够帮助学习者全面地掌握 Office 应用技能，还可以给予学习者很多未来解决问题的思路和方法。通过 MOS 认证，学习者将会踏上 Office 应用专家之路。

本书的组织方式

本书分为 5 篇，学习者可以根据自己的需要，直接阅读相应章节。

第 1 篇为微软办公软件国际认证（MOS）介绍，读者如果希望了解有关 MOS 的详细信息、认证科目及考前的准备工作和考后证书的查看等内容，可以参考此部分。

第 2～4 篇分别为微软办公软件国际认证 Word 2010、Excel 2010 和 PowerPoint 2010 科目的教程，以任务驱动的形式，对相应科目培训及认证内容做了系统性的讲解。即使是之前对于 Office 软件比较陌生的读者，也可以按照任务中的解题步骤，一步步完成操作。这里要提醒读者的是：每一个任务开始之前都有该任务的应用解析，部分任务后面还有关联的能力讲解。对于已经具备一定基础的读者，通过这部分内容，可以思考如何将每个任务中所介绍的能力项目应用到实际工作之中。

第 5 篇为微软办公软件国际标准综合应用，其中包含 3 个大型的案例。为完成这些案例，读者需要对微软办公软件国际标准中的各个能力项目灵活和交叉应用。读者在第 2～4 篇对各个科目的基本内容有了良好的掌握后，再阅读此篇内容会更有收获，将会看到前面讲解的单一能力项目如何应用到复杂的实际问题当中。

本书提供的资源

为了便于读者练习，本书附有一张光盘。其中包含书中所有案例的原始素材和完成效果及视频解答。

对于有些希望考取 MOS 大师级（Master）认证的读者，除了通过本书中的 3 个必选科目之外，还需要通过一个选考科目，因此在所附光盘中，还包含了 MOS Outlook 2010 的认证题目讲解和视频解答，供有需要的读者参考。

对于使用 Office 2007 的读者，可能希望参加 MOS 2007 版本的国际认证。MOS 2007 和 2010 国际标准在学习内容上基本相同，读者依然可以参考本书的内容。另外，在所附光盘中还包含了完整的 MOS 2007 的模拟题目和视频解答，供有相关需要的读者使用。

致谢

本书能够顺利和读者见面，首先要感谢中国铁道出版社的赵鑫编辑的倾力支持。在本书的编写过程中，中国铁道出版社的窦海涛先生、冯贺娟女士以及全国大学生计算机应用能力与信息素养大赛总教练侯冬梅教授给予了宝贵的帮助和建议。另外，在为北京师范大学－香港浸会大学联合国际学院同学的授课过程中，很多同学提出的具有挑战性的问题，对于本书的编写也助益良多助，在此无法一一列举他们的姓名，但要对于他们批判性的思考能力表达感谢！

信息反馈

欢迎专家和读者就本书和相关内容提出意见和建议，我们的信息反馈方式是：
QQ 账号：510907285
电子邮件：510907285@qq.com

编 者

2013 年 1 月

目　录

第 1 篇　微软办公软件国际认证（MOS）介绍

第 2 篇　Word 2010 专家级应用

第 3 篇　Excel 2010 专家级应用

第 4 篇　PowerPoint 2010 专业级应用

第5篇　微软办公软件国际标准综合应用

第1篇

微软办公软件国际认证（MOS）介绍

➡ 一、MOS 简介

　　Microsoft Office Specialist（MOS）译为"微软办公软件国际认证"，是美国微软公司全球唯一认可的 Office 应用技能测试的国际性专业认证，在全球获得了 100 多个国家和地区认可，至 2012 年全球已经有超过 1 000 万人次参加考试，可使用中文、英文、日文、德文、法文、阿拉伯文、拉丁文、韩文、泰文、意大利文、芬兰文等 20 多种语言进行考试。

　　MOS 的目的是为协助企业、政府机构、学校、主管、员工与个人确认对于 Microsoft Office 各软件应用知识与技能的专业程度，包括 Word、Excel、PowerPoint、Access 及 Outlook 等软件的具体实践应用能力。国外许多实例已证实，通过了 MOS 国际认证标准的使用者具有更高的工作效率，从而可以为个人乃至企业取得更强的竞争能力。

➡ 二、MOS 对于学习者的好处

MOS 是全球认可的标准，可以有效引导学习者提高自身工作效率，其主要优势如下：

- MOS 为全球众多知名企业所认可，很多企业将该标准作为录用和培训员工的参考标准。求职者通过了 MOS 认证，将有助于在激烈的求职竞争中脱颖而出。
- MOS 认证获得了全球主要学术及行业组织的认可，比如，MOS 获得美国教育委员会（ACE）的认可，可以抵免部分课程的学分。学习者在进一步深造时，持有 MOS 证书，能够有更多机会申请到理想的学习位置。
- 微软办公软件全球认证中心每年夏天会举办基于 MOS 标准的全球信息化能力大赛，中国赛区的选拔赛也于同年度的 5 月份举办，我国选手自 2010 年以来，先后取得了 Excel 和 PowerPoint 等多个项目的世界冠军和亚军。学习者在参加 MOS 的同时，也将有机会参与 MOS 中国乃至全球大赛的竞技，为未来的发展增添动力。
- 通过 MOS 的培训和认证，学习者将会在 Office 应用技能方面取得飞跃，从而极大提升自身的工作效率和工作水准，创造个人优势。

➡ 三、MOS 认证的科目

　　MOS 认证分为 3 个层次，分别为：专业级（Specialist）、专家级（Expert）和大师级（Master），目前提供的考试版本主要有 Office 2003、Office 2007 及 Office 2010，具体的认证科目请参见下表，考试者可以选取任意一个版本的任意一个科目来参加认证，每通过一个科目，都会得到相应的国际认证证书，认证证书由美国微软现任的 CEO 签发。对于有需要的学习者，通过了 MOS 认证中的 3 个必考科目和 1 个选考科目之后，除了获得单科证书之外，还会获得 MOS 大师级的国际认证证书，作为对于 Office 套件中各个软件全面掌握及协同应用能力的证明。需要注意的是，如果学习者希望取得大师级的国际认证证书，那么所通过的 4 个考试科目必须为同一版本，比如同为 Office 2010 中的科目，才能够取得该证书。

专业级	专家级	大师级
通过任何一个科目，可以获得相应科目的专业级（Specialist）国际认证证书	通过任何一个科目，可以获得相应科目的专家级（Expert）国际认证证书	通过 3 个必考科目和一个选考科目可以获得大师级（Master）国际认证证书
• Word • Excel • PowerPoint • Access • Outlook	• Word Expert • Excel Expert	必考 • Word Expert • Excel Expert • PowerPoint 选考 • Outlook 或 Access

　　MOS 每门考试的满分是 1 000 分，作答时间为 50 min，通过的成绩依据各个科目的难度及全球的平均水准，各不相同，以 MOS 2010 为例，目前的通过成绩要求正确率在 70%左右。考试在线进行，完全为实际操作类题目，要求考试者能在规定时间内，正确高效地完成相关任务，考完后，在线提交成绩，当场就可以看到考试分数及包含各个部分正确率的成绩单。

四、认证考试前的准备工作

　　对于第一次参加 MOS 考试的学习者，需要在网上注册考试的账号，包含用户名和密码，在参加认证时，需要登录这个账号，才能考试。具体步骤如下：

1. 打开微软办公软件全球认证中心（Certiport）的网站，网址为"www. certiport. com"；
2. 单击"Register"按钮；

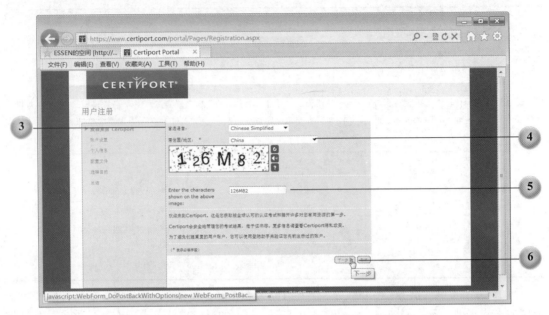

3. 在打开的注册页面中，确认首选语言为"Chinese Simplified"；

4. "居住国/地区"请选择"China"；

5. 输入上方图文区中的验证码，请注意英文字母区分大小写；

6. 单击"下一步"按钮，进入下一个页面；

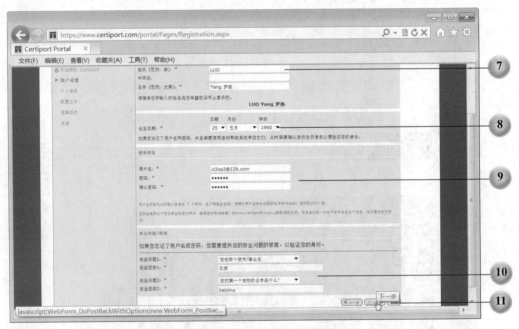

7. 以某位姓名为"罗扬"的考生为例，在"姓氏"文本框输入"LUO"，在"名字"文本框输入"Yang 罗扬"（中英文之间请输入一个空格），如果考生不需要输入中文姓名，也可以只输入姓名的汉语拼音，注意，在注册过程中，凡是带有红色星号的项目都是必须填写的，其他项目则不必填写，如此处的"中间名"保持为空即可；

8. 输入考生的出生日期；

9. 输入考试账号的用户名和密码（此处用该考生的电子邮件信箱地址作为用户名，读者也可以选择其他适合的名称），这里输入的信息，考生需要在注册后牢记，今后考试及成绩查询，都需要输入此用户名和密码；

10. 输入安全问题及答案，以备在密码忘记时验证身份；

11. 单击"下一步"按钮；

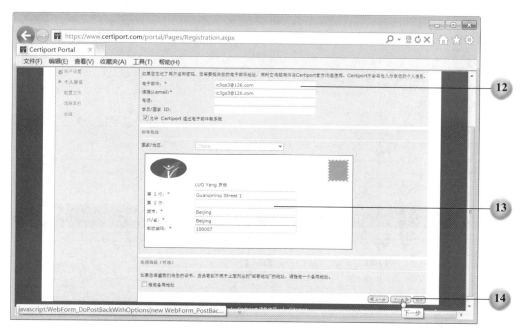

12. 输入考生的电子邮件地址；

13. 输入考生的通信地址；

14. 单击"下一步"按钮；

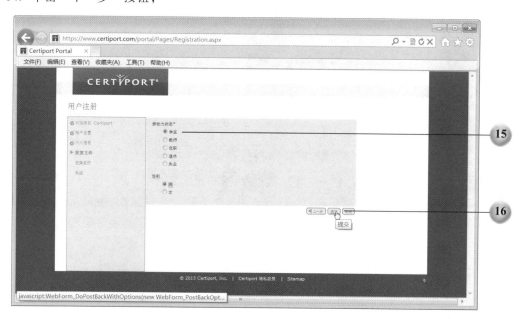

15. 考生选择自己的身份，例如此处的"学生"，然后选择性别；

16. 单击"提交"按钮；

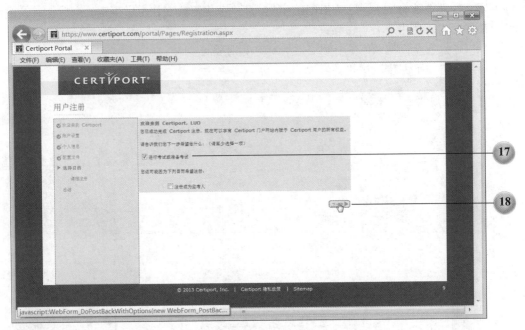

17. 选中"进行考试或准备考试"复选框；

18. 单击"下一步"按钮；

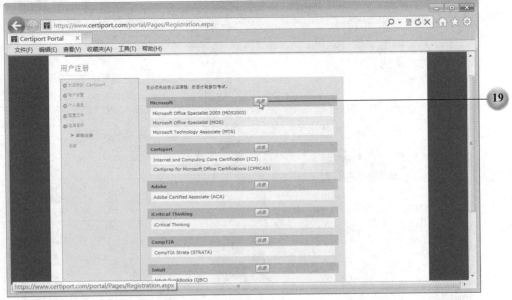

19. 以上已经完成了考试账号的注册，但要进行考试，考生还需要注册考试课程，为了参加 MOS 考试，此处单击"Microsoft"组右侧的"注册"按钮；

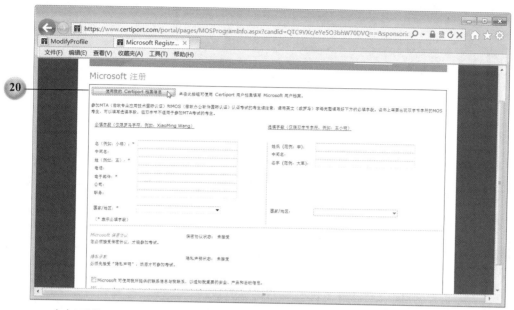

20. 在打开的"Microsoft 注册"页面中，单击"使用我的 Certiport 档案信息"按钮，会自动导入之前注册的信息；

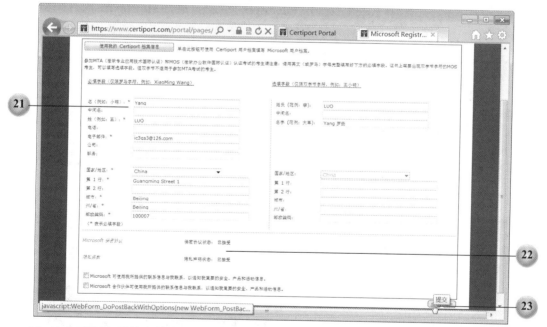

21. 这个页面左侧的必填字段只能接受罗马字符，由于之前注册的考生姓名包含中文字符，所以无法导入，须重新填写，并且只须填写姓名的汉语拼音（如果之前地址是用中文填写的，那么此处也需要使用英文重新填写一遍）；

22. 查看"Microsoft 保密协议"和"隐私条款"，并选择接受；

23. 单击"提交"按钮；

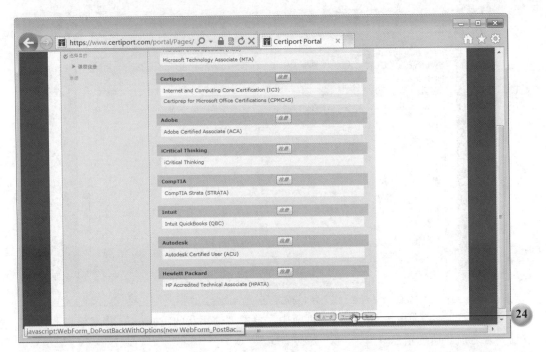

24. 返回注册课程页面后，可以看到"Microsoft"组显示为已经注册状态，直接单击"下一步"按钮；

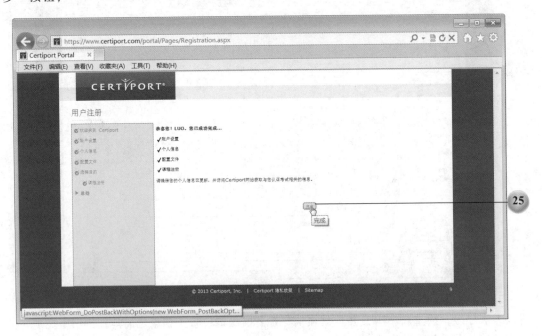

25. 单击"完成"按钮；

26

26. 完成注册后的画面如图所示，此时考生已经进入到刚刚注册的考生账户中，在参加完考试后，可以在这个账户里查看自己的成绩及电子证书。

五、查看成绩单及电子证书

考生通过认证后，考试的成绩单及电子证书都存储在其所注册的考试账号中，在需要的时候，可以随时登录考试账号查看。其步骤如下：

1

1. 打开微软办公软件认证中心网站，网址为"www. certiport. com"，单击右上角的"LOGIN"按钮；

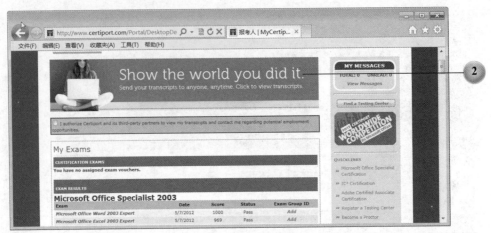

2. 在考生输入用户名和密码后，会进入考试账户，单击上方的标题为"Show the world you dit it."的图片，在打开的页面中可以找到电子成绩单和电子证书；

3. 证书中包含考生的姓名、通过认证时间、通过科目等信息，在证书的右下角，还可以看到 MOS 认证的验证代码。考生在未来求学或者求职过程中，所申请的学校或者企业可以在证书右下角所列网址验证证书的真伪。

第 2 篇

Word 2010 专家级应用

单元 1　文档格式化的高级设定

「任务 1-1」　使用文档部件创建内容

将页眉右侧的图形作为构建基块保存到页眉库中，将构建基块命名为"页眉图片"。（注意：接受所有其他的默认设置。）

素材文档：W01-01.docx

结果文档：W01-01-R.docx

任务解析：

在使用 Word 的过程中，有些内容在设置好格式和样式后，往往需要反复使用，比如公文抬头等。此时，使用者可以将这些内容保存到文档部件库中，以方便随时调用。

解题步骤

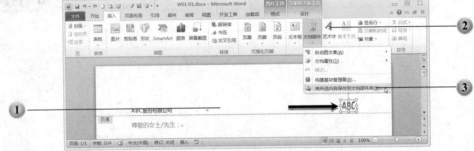

1. 双击文档的页眉区域，使其进入编辑状态，然后选择页眉右侧的图片；
2. 单击"插入"选项卡/"文档部件"下拉按钮；
3. 在下拉菜单中单击"将所选内容保存到文档部件库"；

4. 在打开的"新建构建基块"对话框中的"名称"文本框中输入"页眉图片"；
5. 在"库"下拉列表框中选择"页眉"；
6. 单击"确定"按钮，完成保存。

相关技能

今后在需要使用此内容时，可以单击"插入"选项卡/"文档部件"按钮，在下拉菜单中单击"构建基块管理器"，在打开的对话框中找到并插入文档部件（见下图）。

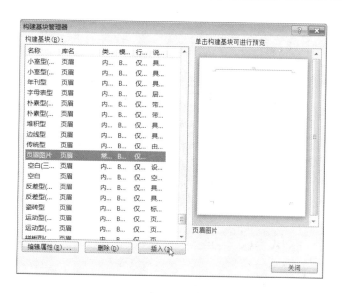

「任务 1-2」 格式化文档的特定内容

调整节 2 的字符间距，使用 0.6 磅的加宽间距。

素材文档：W01-02.docx

结果文档：W01-02-R.docx

任务解析：

对于文本字体格式一般性的设置，可以在"开始"选项卡/"字体"组中找到相应的选项。如果使用者需要进行和字体有关的高级设置，则需要启动"字体"对话框，在"高级"选项卡中可以设置文本的缩放、间距及位置。在设置字体间距时，有"加宽"、"标准"和"紧缩"3种选择，并可以进一步设置加宽或者紧缩的精确磅值。

解题步骤

单击"显示/隐藏编辑标记"按钮，可以隐藏或者显示分节符

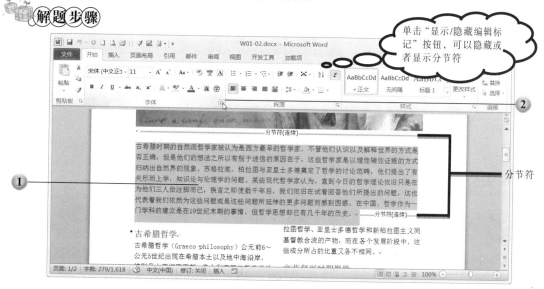

1. 选中文档第 2 节的所有内容；
2. 单击"开始"选项卡/"字体对话框启动器"按钮；

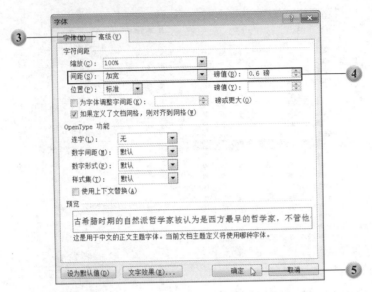

3．在打开的"字体"对话框中，单击"高级"选项卡；

4．在"间距"下拉列表框中选择"加宽"，并在右侧的"磅值"文本框中输入"0.6 磅"（也可以通过"磅值"数值调节钮来调整）；

5．单击"确定"按钮；

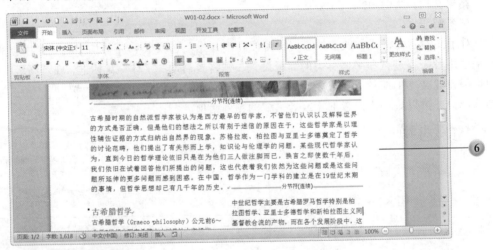

6．完成效果如图所示。

相关技能

要顺利完成本任务，需要使用者了解有关分隔符的知识。通过单击"页面布局"选项卡/"分隔符"下拉按钮，可以插入各种分页符和分节符（见下图）。在完成插入后，文档中会显示相应的标记。单击"开始"选项卡/"显示/隐藏编辑标记"按钮，可以显示或者隐藏分隔符的标记。

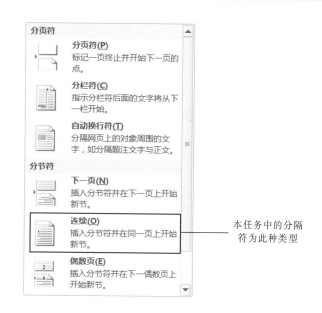

本任务中的分隔
符为此种类型

「任务 1-3」 在文本框之间建立链接

将页面上方两个文本框进行链接。

素材文档：W01-03.docx

结果文档：W01-03-R.docx

任务解析：

当一个文本框中的内容过多时，单纯加大这个文本框的高度和宽度，有时会影响到文档的
美观。Word 2010 提供的另一种解决途径是，将这个内容过多的文本框与另外一个空的文本框
进行链接，链接之后，原文本框中过多的无法显示的内容，会"倾注"到被链接的文本框中。

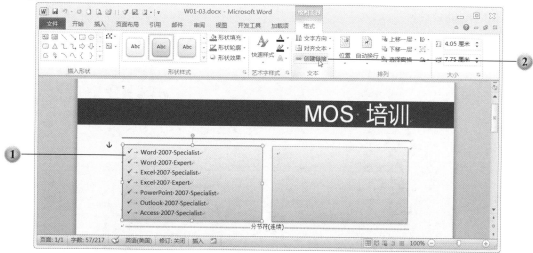

1. 选定文件页面上方左侧的文本框；
2. 单击"绘图工具：格式"选项卡/"创建链接"按钮；

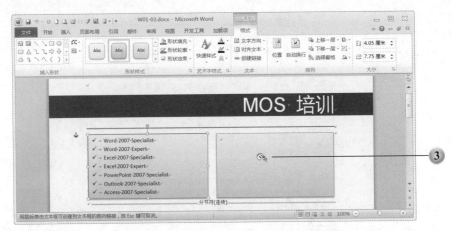

3. 此时光标会变为处于倾倒状态的杯子形状，单击右侧文本框；

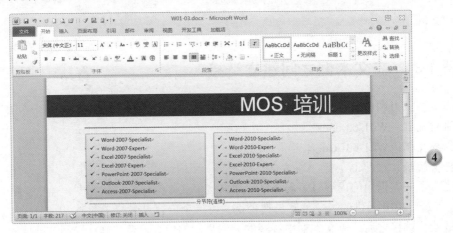

4. 完成的效果如图所示。

相关技能

对于已经建立了链接的两个文本框，如果希望取消它们之间的联系，可以在选定原文本框后，单击"绘图工具：格式"选项卡/"断开链接"按钮，如下图所示。

「任务 1-4」 设置表格的属性

为第5页上的表格添加可选文字"西方主要哲学家一览",并将表格的指定宽度设置为80%。
素材文档：W01-04.docx
结果文档：W01-04-R.docx
任务解析：

对于插入 Word 文档的表格,可以通过设置表格属性更改表格的宽度、对齐方式等。其中,对于表格宽度的设置,可以精确设定该表格宽度的厘米数,还可以用页面中版心的宽度作为基础,将表格宽度设置为版心宽度的一定百分比。

如果要将 Word 文档发布为网页格式,那么还可以为表格添加可选文字,这样当网页加载表格速度稍慢时,会先显示出可选文字的内容,以引起读者注意。

解题步骤

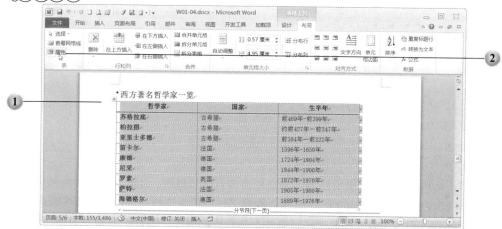

1. 选定第 5 页中的表格；
2. 单击"表格工具：布局"选项卡／"属性"按钮；

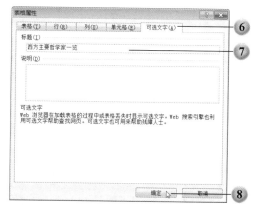

3. 在打开的"表格属性"对话框的"表格"选项卡中,选中"指定宽度"复选框；
4. 在"度量单位"下拉列表框中选择"百分比"；
5. 在"指定宽度"文本框中输入"80%"(也可以通过数值调节钮调整)；
6. 单击"可选文字"选项卡；

7. 在"标题"文本框中，输入文字"西方主要哲学家一览"；

8. 单击"确定"按钮；

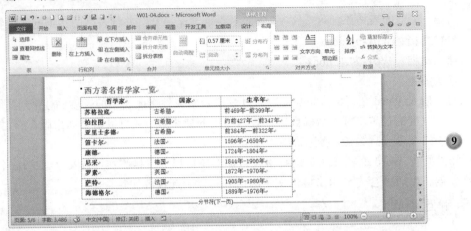

9. 完成的效果如图所示。

「任务 1-5」 编辑文档的页脚

将"标题"文档属性添加到页脚。

素材文档：W01-05.docx

结果文档：W01-05-R.docx

任务解析：

在文档正文内容之外，使用者还可以为文档添加页眉和页脚，以达到美化页面和提示信息的作用。Word 2010 提供了多种内置的页眉和页脚样式供使用者选择。页眉和页脚中通常会包含文档的章节标题和页码等内容，此外，还可以在页眉和页脚中插入图片、日期及文档属性等元素。

解题步骤

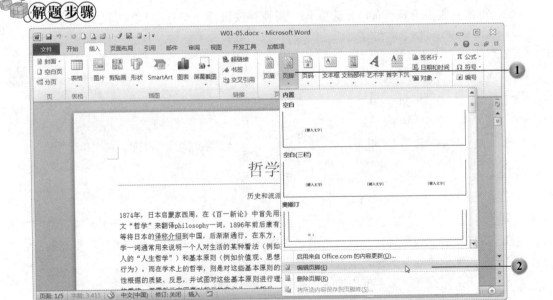

1. 单击"插入"选项卡/"页脚"按钮；
2. 在下拉菜单中单击"编辑页脚"，这时页脚会进入编辑状态，光标会定位在首页的页脚处；

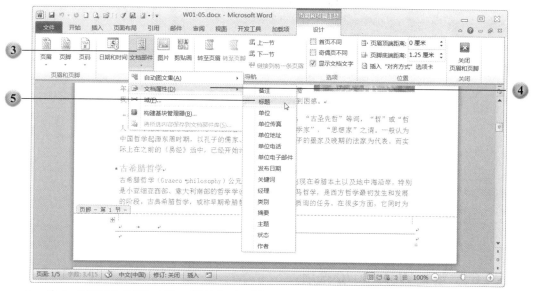

3. 单击"页眉和页脚工具：设计"选项卡/"文档部件"按钮；
4. 在下拉菜单中单击"文档属性"；
5. 在下一级菜单中，单击"标题"；

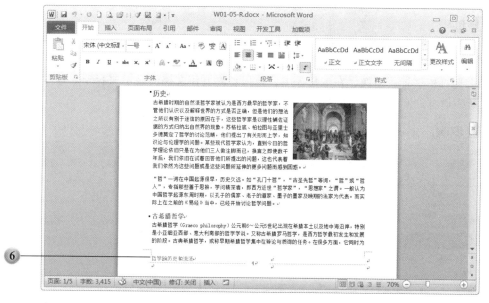

6. 效果如图所示，"标题"属性已经插入到了文档的页脚。

相关技能

使用者在插入文档属性到文档之前，需要先建立文档属性。通过单击"文件"选项卡/"信息"子选项卡/"属性"下拉按钮，在下拉菜单中单击"高级属性"，可以在打开的对话框中为文档添加属性。本任务中的标题属性添加的方法如下图所示。

「任务 1-6」 设置 Word 2010 选项

设置兼容性选项，以便使当前文档的版式看似创建于 Microsoft Office Word 2003。

素材文档： W01-06.docx

结果文档： W01-06-R.docx

任务解析：

在软件安装完毕后，Word 2010 对于用户界面、显示方式和保存方式等都进行了默认的设置，通常使用者无须更改这些设置。如果使用者出于特殊的需要，需要更改这些设置，那么可以在 Word 选项中进行。例如，在本任务中，使用者需要使文档的显示兼容较低版本的 Word 软件，就需要通过设置 Word 选项来实现。

解题步骤

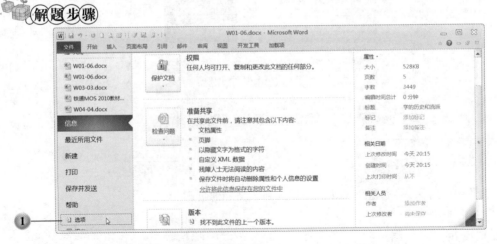

1. 单击"文件"选项卡/"选项"按钮；

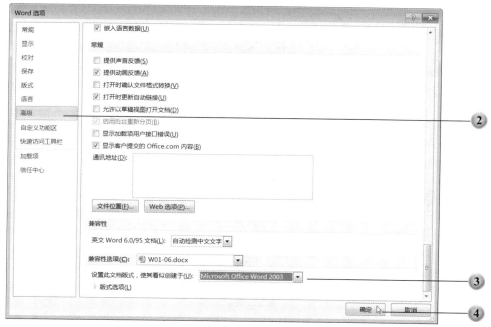

2. 在打开的"Word 选项"对话框中，单击"高级"选项卡；

3. 在"兼容性选项"组的"设置此文档版式，使其看似创建于"选项的下拉列表框中选择"Microsoft Office Word 2003"；

4. 完成设置后，单击"确定"按钮。

单元 2　应用样式编辑长文档

「任务 2-1」 通过样式选取和修改文档的特定内容

设置所有"标题 2"文本的格式，以使首行缩进 1 厘米，行间距为 1.8。

素材文档： W02-01.docx

结果文档： W02-01-R.docx

任务解析：

使用者在编辑长文档的时候，应用样式来格式化文档，是一种提高工作效率的有效方法。通常可以为文档的每一类内容，如各级标题和正文等，分别建立一种样式，样式可以包含字体、字号、段落间距等多种格式。这样，在格式化某类内容时，只要为其赋予相应的样式，而不需要再单独设置该内容的每一种格式。在修改某一类内容的时候，如果这类内容已经添加了样式，也不再需要逐段修改，而是可以通过这类内容的样式，一次性全部选中要修改的内容，一起进行调整。

解题步骤

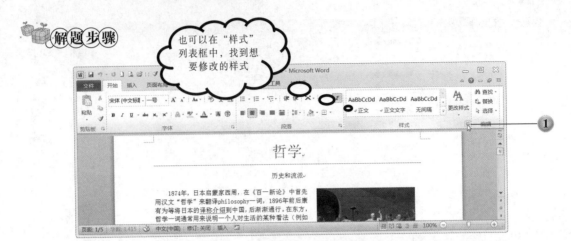

也可以在"样式"列表框中，找到想要修改的样式

1. 单击"开始"选项卡/"样式任务窗格启动器"按钮；

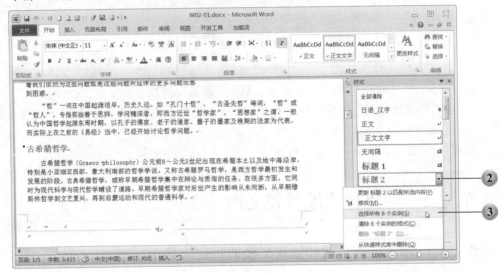

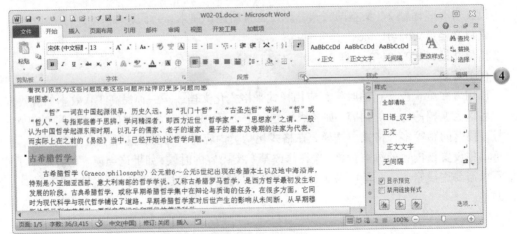

2. 在"样式"任务窗格中，单击"标题2"右侧的下拉箭头；

3. 在下拉列表中单击"选择所有8个实例"，需要注意的是，如果是首次使用此功能，那么此处显示的可能是"全选：（无数据）"，单击该项即可，之后，可以看到文档中所有"标题2"样式的文本都被选中；

4. 单击"开始"选项卡/"段落对话框启动器"按钮；

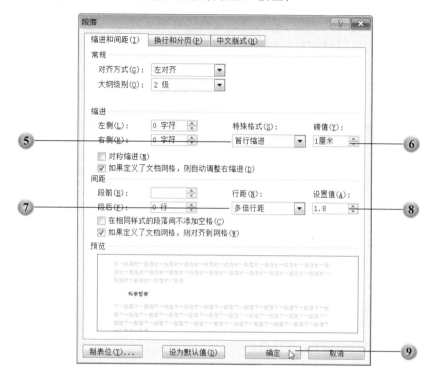

5. 在"段落"对话框的"特殊格式"下拉列表框中，选择"首行缩进"；

6. 在"特殊格式"右侧的"磅值"文本框中直接输入"1厘米"；

7. 在"行距"下拉列表框中选择"多倍行距"；

8. 在"行距"右侧的"设置值"文本框中直接输入"1.8"；

9. 单击"确定"按钮；

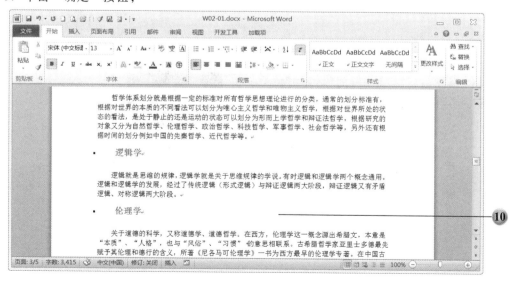

10. 完成效果如图所示。

相关技能

除了通过样式选中某一类内容，再来修改这些内容的格式这种方法之外，使用者也可以通过直接修改样式的方法来达到同样的效果。如右图所示，在"样式"任务窗格中，单击"标题 2"右侧的下拉箭头，在下拉菜单中单击"修改"，就会打开"修改样式"对话框，在其中可以对样式中包含的各种格式进行修改。修改完成后，可以看到，应用了该样式的所有内容，格式都进行了同样的调整。

「任务 2-2」 为文档套用模板中的样式

为文档加载模板"W02-02-B.dotx"，并自动更新文档样式。

素材文档：W02-02.docx；W02-02-B.dotx

结果文档：W02-02-R.docx

任务解析：

如果使用者正在编辑的文档，希望套用另一个已有文档的样式，比如该文档各级标题和正文文字的字体、字号、段落间距及缩进等，并不需要逐项来进行设置，可以直接将该文档作为模板加载到正在编辑的文档之中，并使用加载模板中的样式，就可以把模板中的所有的样式导入到正在编辑的文档当中。

解题步骤

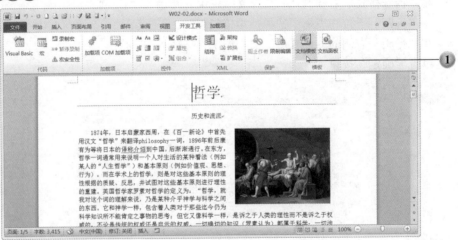

1. 单击"开发工具"选项卡/"文档模板"按钮；

2. 在打开的"模板和加载项"对话框中，单击上方的"文档模板"文本框右侧的"选用"按钮；

3. 在打开的"选用模板"对话框中，打开文档"W02-02-B.dotx"所在的文件夹，并选中该文档；

4. 单击"打开"按钮；

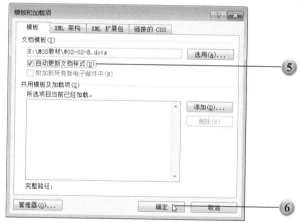

5. 选中"自动更新文档样式"复选框；

6. 单击"确定"按钮；

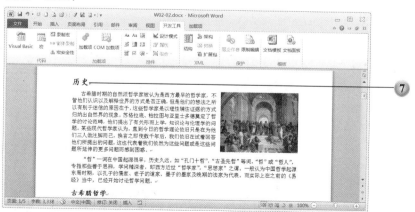

7. 完成效果如图所示，已经将模板中的标题样式加载到了原文档中。

相关技能

Word 2010 中有关文档模板、控件和宏等的功能位于"开发工具"选项卡,该选项卡在 Word 安装完毕后,默认是不显示的。单击"文件"选项卡/"选项"按钮,可以打开"Word 选项"对话框,在其中的"自定义功能区"选项卡中,选中"开发工具"复选框,单击"确定"按钮后,"开发工具"选项卡会显示在 Word 2010 的功能区。具体操作方法如下图所示。

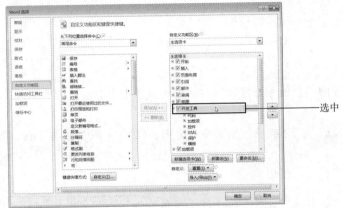

「任务 2-3」 管理文档的样式

打开文档"W02-03.docx",在其中删除文档"W02-03-B.dotx"中的样式"论文标题",并保存该文档。

素材文档: W02-03.docx;W02-03-B.dotx

结果文档: W02-03-R.dotx

任务解析:

对于文档中不再需要的样式,使用者可以将其删除。但需要注意的是,对于一些 Word 内置的样式,如"正文"样式,是不允许删除的。要删除某种样式,可以直接在"样式"任务窗格中,单击右侧的下拉箭头,在下拉菜单中选择"删除"选项。使用者还可以通过样式管理器来删除正在编辑的文档甚至其他文档中的某种样式。后一种方法,在管理文档模板中的样式时更为常用。

解题步骤

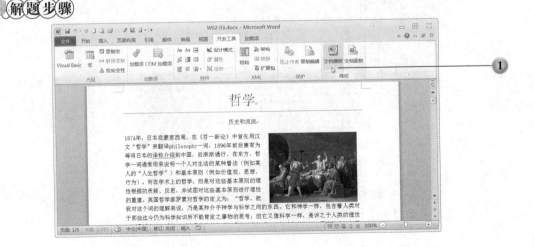

1. 单击"开发工具"选项卡/"文档模板"按钮；

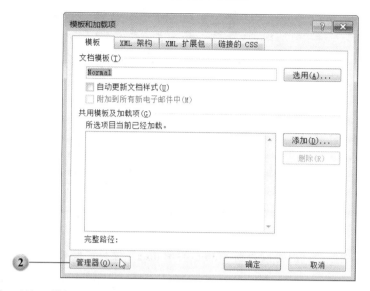

2. 在打开的"模板和加载项"对话框中，单击"管理器"按钮；

3. 在打开的"管理器"对话框中，单击右侧的"关闭文件"按钮，关闭默认的文档模板，此时原先的"关闭文件"按钮会显示为"打开文件"；

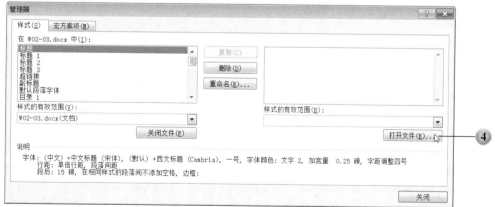

4. 单击"打开文件"按钮，以便打开需要删除样式的模板文件"W02-03-B.dotx"；

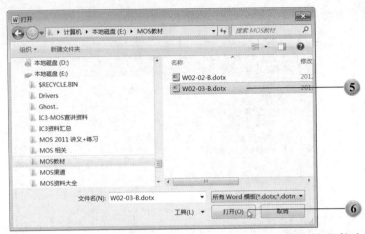

5. 在打开的"打开"对话框中，打开文档"W02-03-B.dotx"所在的文件夹，并选中该文档；

6. 单击"打开"按钮，这时可以看到"W02-03-B.dotx"文件已经被加载进来；

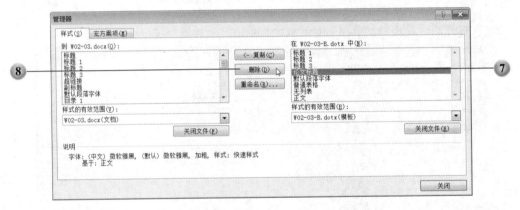

7. 选中"W02-03-B.dotx"文件中的"论文标题"样式；

8. 单击左侧的"删除"按钮；

9. 这时会弹出对话框，询问是否删除该样式，单击"是"按钮，进行删除；

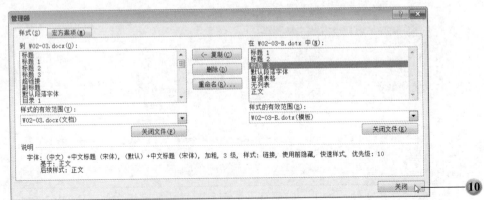

10. 单击"管理器"对话框的"关闭"按钮;

11. 此时会弹出对话框,询问是否保存对于文档"W02-03-B.dotx"的更改,单击"保存"按钮,保存更改。

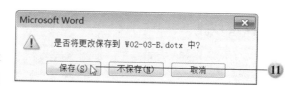

相关技能

要启动样式管理器,除了上述的方法之外,还可以通过单击"样式"任务窗格中的"管理样式"按钮,打开"管理样式"对话框,再单击"导入/导出"按钮来实现,具体操作如下图所示。

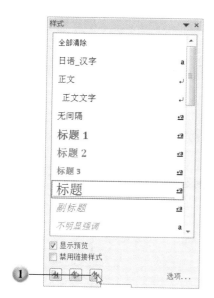

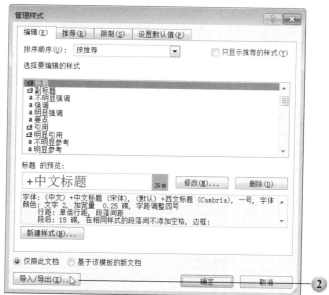

单元3 为文档添加引文和索引

「任务3-1」 修改引文目录的样式

更新引文目录,以使用"优雅"格式,去掉制表符前导符。

素材文档: W03-01.docx

结果文档: W03-01-R.docx

任务解析:

法律文献等一类专业文档,往往包含着大量的法律词条和判例等引用内容,为了便于读者查找,一般在文档末尾会添加引文目录。Word 2010提供了多种内置的引文目录的样式,使用者在添加目录的时候,可以从中选择。对于已经建立的引文目录,使用者也可以方便地将其替换为其他样式。

解题步骤

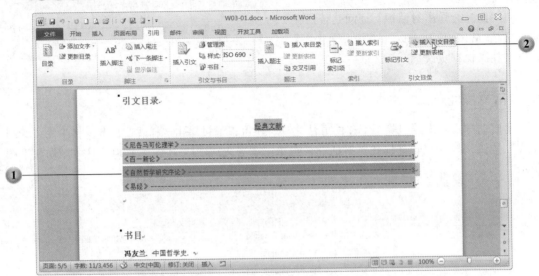

1. 选中位于第 5 页的引文目录；
2. 单击"引用"选项卡/"插入引文目录"按钮；

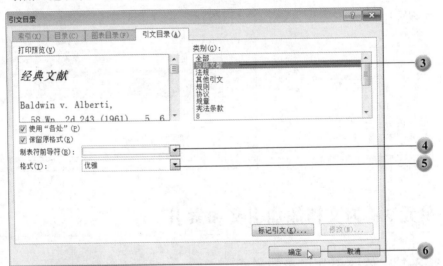

3. 在打开的"引文目录"对话框的"类别"列表框中选择"经典文献"；

4. 在"制表符前导符"下拉列表框中选择"（无）"；

5. 在"格式"下拉列表框中选择"优雅"；

6. 单击"确定"按钮；

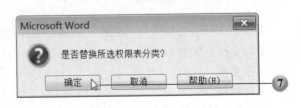

7. 在弹出的询问对话框中，单击"确定"按钮，进行确认；

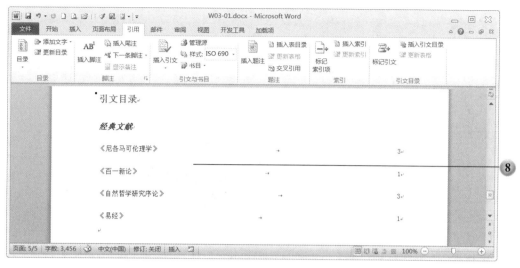

8. 替换后的效果如图所示。

「任务 3-2」 编辑引文标记及更新引文目录

删除与"百一新论"相关的引文标记，并更新引文目录。

素材文档： W03-02.docx

结果文档： W03-02-R.docx

任务解析：

要生成引文目录，首先必须标记文档中的引文，如果某条引文在文档内多次出现，则可以选择"标记全部"，将这些条目一次性做出标记。对于已经标记的引文，也可以删除其标记，删除标记后，需要更新引文目录，则在目录中将不再显示这条引文。

解题步骤

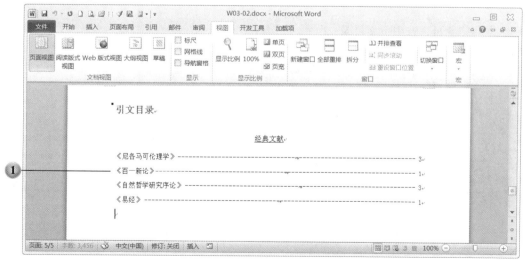

1. 查看第 5 页引文目录，可以看到引文"百一新论"所在位置为第 1 页；

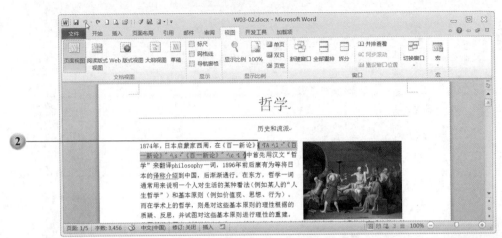

2. 在第 1 页找到引文"百一新论"，选中后面的引文标记，按 Delete 键删除该标记（如果 Word 文档没有显示出标记，那么可以通过单击"开始"选项卡/"显示/隐藏编辑标记"按钮，来显示出引文标记）；

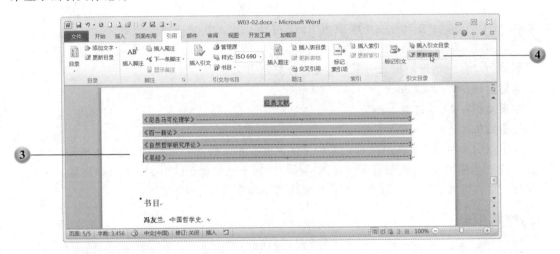

3. 回到第 5 页，选中引文目录；

4. 单击"引用"选项卡/"更新表格"按钮，更新引文目录；

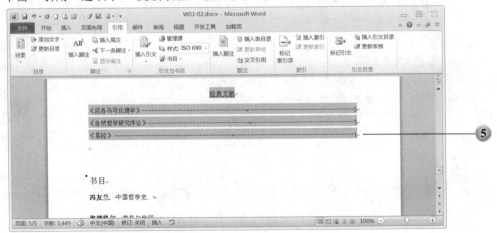

5. 完成效果如图所示。

相关技能

在删除引文标记后，要更新引文目录，也可以选中引文目录，右击，在快捷菜单中单击"更新域"，如右图所示。

「任务3-3」 使用 Word 管理文献——添加新源

添加一个新的"书籍"源，设置如下：
——作者：康德
——标题：纯粹理性批判
——标记名称：康德01
素材文档：W03-03.docx
结果文档：W03-03-R.docx
任务解析：

在专业文档中，如学术论文，通常都会要求在文档的结尾将文章所引用的专业文献按照一定要求列出，这在 Word 当中被称为书目。建立书目最好的方式不是在文档末尾逐条键入，而是先将所引用的文献输入到"源管理器"中，然后将其中的文献插入到文档末尾，形成书目。每一条文献，在源管理器中被称为一个"源"。Word 提供的源的分类包括了书籍、杂志、报纸及网站等多种文献来源，使用者在插入的时候，可以根据文献的种类进行选择。通过这种方法建立书目的优点在于：Word 提供了多种内置的书目样式，使用者在撰写文章时，通过源管理器插入的书目，可以非常容易地从一种格式转换为另一种格式，从而符合特定机构，比如学术杂志的要求。

解题步骤

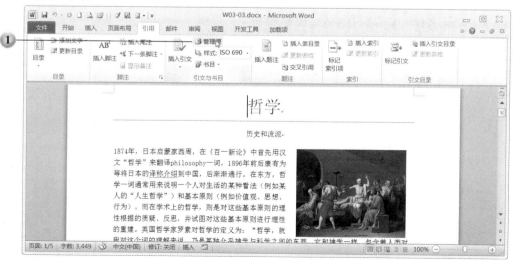

1. 单击"引用"选项卡/"管理源"按钮；

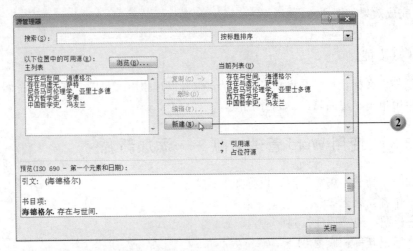

2. 在打开的"源管理器"对话框中，单击"新建"按钮；

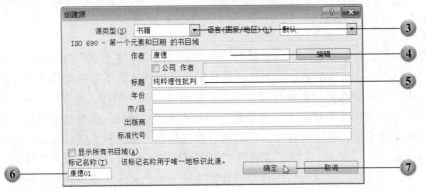

3. 在打开的"创建源"对话框的"源类型"下拉列表框选择"书籍"；

4. 在"作者"文本框中输入"康德"；

5. 在"标题"文本框中输入"纯粹理性批判"；

6. 在"标记名称"文本框中输入"康德01"；

7. 单击"确定"按钮，将该文献添加到源列表中；

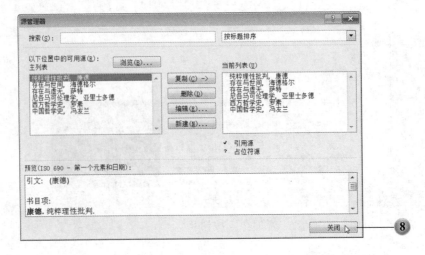

8. 单击"关闭"按钮，关闭"源管理器"对话框。

相关技能

要想建立新源，也可以单击"引用"选项卡/"插入引文"下拉
按钮，在下拉菜单中单击"添加新源"，如右图所示。

「任务 3-4」 使用 Word 管理文献——导入源列表

使用源管理器，将"W03-04-B.xml"复制到文档的当前列表。

素材文档：W03-04.docx；W03-04-B.xml

结果文档：W03-04-R.docx

任务解析：

在源管理器中添加文献，除了可以逐条输入外，还可以一次性导入多条文献。如果使用者
在之前的文章当中，已经建立过书目，其中的文献和目前所要建立的书目中有重合的部分，那
么，对于这部分文献，则不再需要重复录入，而是可以直接导入。需要注意的是，Word 2010
源管理器中的源列表是存储在扩展名为"xml"的格式的文档之中的，默认的文档名称为
"Sources. xml"，其存储的位置在 Windows 7 操作系统下，一般为"C:\Users\Administrator\
AppData\Roaming\Microsoft\Bibliography"，使用者可以将这个文档保存，并在今后需要的时候，
将其中的文献导入到新的 Word 文档中。

解题步骤

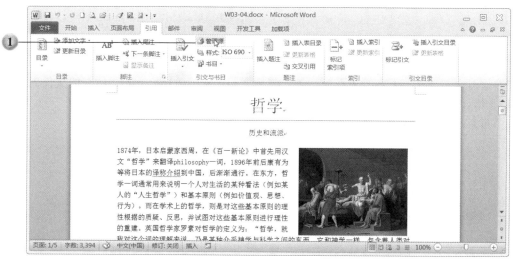

1. 单击"引用"选项卡/"管理源"按钮；

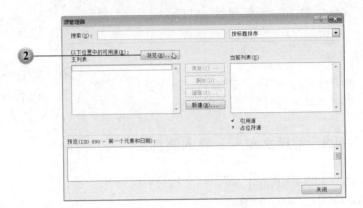

2. 在打开的"源管理器"对话框中，单击"浏览"按钮；

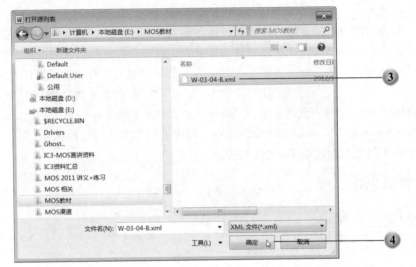

3. 这时会打开"打开源列表"对话框，打开文档"W03-04-B．xml"所在的文件夹，并选中该文档；

4. 单击"确定"按钮，将其中的文献添加到文档的可用源列表；

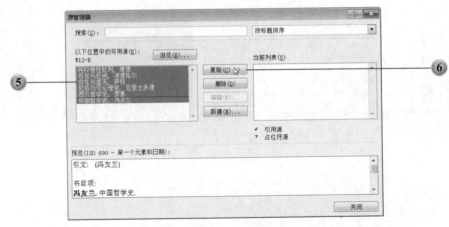

5. 选中所有导入的源（按住 Ctrl 键不放，可以用鼠标同时选中多个条目）；

6. 单击"复制"按钮，将主列表中的源复制到文档的当前列表中；

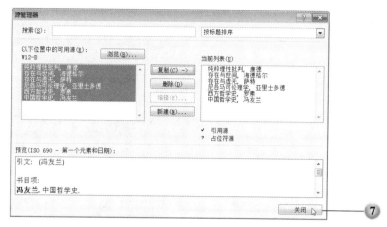

7. 单击"关闭"按钮。

相关技能

在将源复制到"当前列表"之后，单击"引用"选项卡/"书目"下拉按钮，在下拉菜单中单击"插入书目"，如下图所示，就可以将列表中的文献生成为 Word 文档末尾的书目。

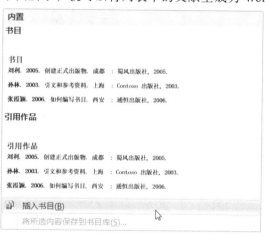

「任务 3-5」 为文档添加索引

更新当前索引，以便使其包括文档内的所有文本"罗素"。
素材文档：W03-05.docx
结果文档：W03-05-R.docx
任务解析：

文档中的一些特殊的词汇，比如人名、地名和专业词汇等，为了便于读者的查找，经常要作为索引列于文档的末尾。Word 2010 中的索引和前面介绍过的书目和引文目录类似，是自动生成的。要使一个词汇在文档末尾的索引中出现，必须首先将其作为索引项进行标记。如果一个词汇在文档中多次出现，通常要全部标记出来，这并不需要使用者逐条来完成，而是选中某

个词汇，在"标记索引项"对话框中选择"标记全部"即可。使用者可以通过删除标记来取消索引项。在对索引项进行修改后，需要更新文档结尾的索引，以便将增减的条目及更改的索引项页码进行刷新。

解题步骤

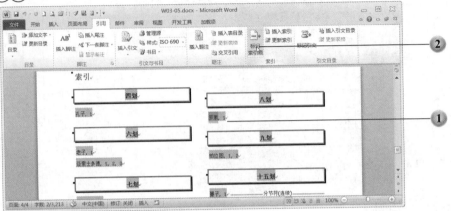

1. 在文档结尾处，选中索引中的文本"罗素"；
2. 单击"引用"选项卡 /"标记索引项"按钮；

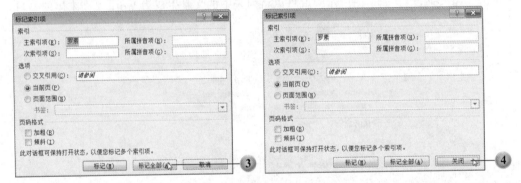

3. 在打开的"标记索引项"对话框中，可以看到文本"罗素"已经显示在了"主索引项"文本框中，单击"标记全部"按钮；
4. 单击"关闭"按钮，关闭对话框；

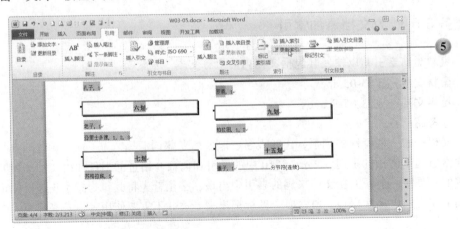

5. 单击"引用"选项卡/"更新索引"按钮；

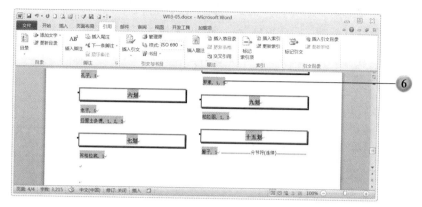

6. 完成效果如图所示。

单元4　应用控件创建交互式文档

「任务4-1」　在文档中添加控件

在文档个人信息一节中的所有字段旁添加文本域（窗体控件）。

素材文档： W04-01.docx

结果文档： W04-01-R.docx

任务解析：

有一类文档，如市场调查表和信息反馈表等，不仅需要读者阅读其中的信息，而且需要他们填写其中的部分内容，这就需要对文档进行特殊的设置，使得有些内容（例如调查问卷中的问题），是读者只能阅读而不能修改的，另外一些位置（如回答问题的区域），是需要读者自己填写或选择的。通过添加控件，使用者可以实现上述效果。Word 2010中提供的控件分为内容控件、旧式窗体和ActiveX控件3个类别，本任务中要求添加的属于旧式窗体类别。需要注意的是，旧式窗体需要和Word 2010的限制编辑功能同时使用，才会产生效果。通过限制编辑，只允许读者填写文档中的窗体，可以使读者只能在文档中指定的位置，如本任务中添加了文本域的位置输入文字，而无法修改其他内容。

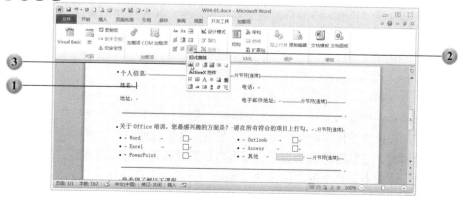

1. 将插入点定位在文本"姓名："之后；
2. 单击"开发工具"选项卡/"旧式工具"下拉按钮；
3. 在下拉菜单中单击"旧式窗体"中的"文本域（窗体控件）"，插入第一个文本域；

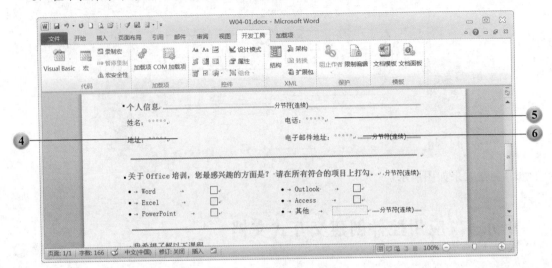

4. 将插入点定位在文本"地址："后，与上一个步骤方法相同，再次插入文本域（窗体控件）；
5. 将插入点定位在文本"电话："后，使用同样的方法，插入第三个文本域（窗体控件）；
6. 将插入点定位在文本"电子邮件地址："后，依照同样的方法，插入最后一个文本域（窗体控件）；

相关技能

在添加旧式窗体控件后，单击"开发工具"选项卡/"限制编辑"按钮，在"限制格式和编辑"任务窗格中，选中"仅允许在文档中进行此类型的编辑"复选框，然后在下面的下拉列表框中选择"填写窗体"，最后单击"是，启动强制保护"按钮。此时，刚刚添加的窗体域即可生效。

「任务 4-2」 为文档中的控件添加帮助文字

为复选框型窗体域"其他"添加帮助键文本，内容为"其他选项请勾选此处！"。

素材文档： W04-02.docx
结果文档： W04-02-R.docx
任务解析：
读者在填写添加了控件的互动式 Word 文档时，有时并不了解填写的要求。文档制作者在添加控件的时候，可以为控件添加帮助文本，以便在读者填写的时候进行提示。帮助文字可以设置为在读者填写时，在状态栏自动提示，也可以设置为在读者需要提示时，按 F1 键后，才打开提示对话框。本任务所要求的为后一种情况。

解题步骤

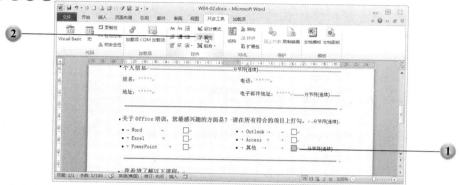

1. 选中文本"其他"后面的复选框窗体;
2. 单击"开发工具"选项卡/"属性"按钮;

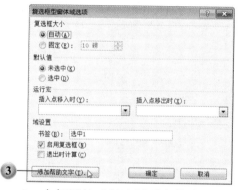

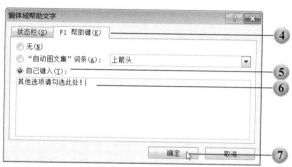

3. 在打开的"复选框型窗体域选项"对话框中,单击"添加帮助文字"按钮;
4. 在打开的"窗体域帮助文字"对话框中,单击"F1 帮助键"选项卡;
5. 选择"自己键入"单选按钮;
6. 在下方文本框中输入文本"其他选项请勾选此处!";
7. 单击"确定"按钮;

8. 单击"确定"按钮,完成帮助文字的添加。

相关技能

在为窗体添加完帮助文字之后，依照上一任务所介绍的方法，限制文档的编辑，然后选中窗体，按 F1 键，就会打开如右图所示的提示对话框。

「任务 4-3」 修改格式文本内容控件的属性

添加"其他需求"作为格式文本内容控件的标题，并锁定此内容控件，使其无法被删除。

素材文档：W04-03.docx

结果文档：W04-03-R.docx

任务解析：

Word 2010 有 8 个内容控件工具。每个控件都有一个关联的"属性"对话框，可以利用它们控制内容控件的许多方面，例如为内容控件添加标题及锁定控件。在控件被锁定，并设置为无法删除后，只能在进入设计模式后，才能删除该控件。

解题步骤

1. 选定文档最下方的格式文本内容控件；
2. 单击"开发工具"选项卡/"属性"按钮；

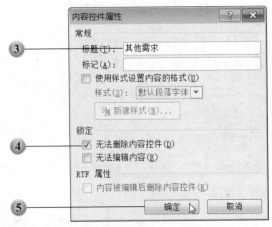

3. 在打开的"内容控件属性"对话框的"标题"文本框中输入"其他需求"；
4. 选中"无法删除内容控件"复选框；

5. 单击"确定"按钮；

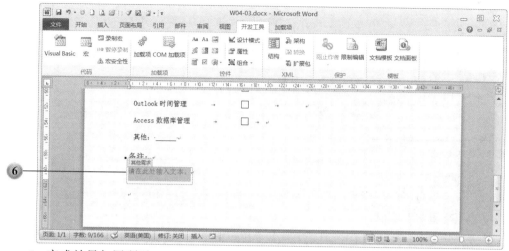

6. 完成效果如图所示。

「任务 4-4」 删除和替换控件

将格式文本内容控件替换为文本域（窗体控件）。

素材文档： W04-04.docx

结果文档： W04-04-R.docx

任务解析：

对于已经在 Word 文档中存在的控件，如果不符合使用的需要，可以将其替换为其他控件。方法很简单，即先将不需要的控件删除，再如本篇"任务 4-1"所示，添加所需要的控件。

解题步骤

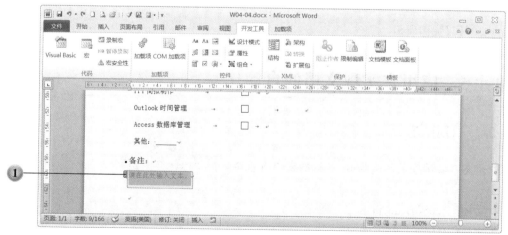

1. 选定文档最下方的格式文本内容控件；

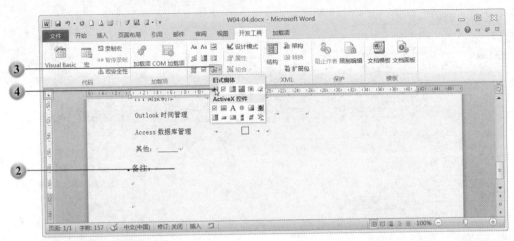

2. 按 Delete 键将其删除；

3. 单击"开发工具"选项卡/"旧式工具"下拉按钮；

4. 在下拉菜单中单击"旧式窗体"中的"文本域（窗体控件）；

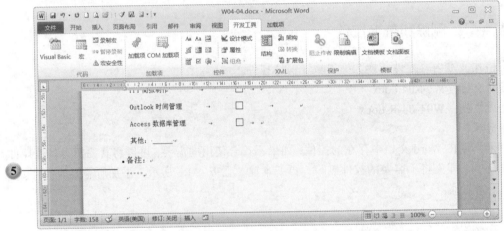

5. 完成效果如图所示。

单元 5　应用宏实现文档的自动化

「任务 5-1」 创建宏

创建对文本应用段后间距为 0.5 行的宏，将宏命名为"标题 2 间距"，对所有标题 2 应用此宏。

素材文档： W05-01.docm

结果文档： W05-01-R.docm

任务解析：

在文档编辑过程中，经常有某项工作要多次重复，这时可以利用 Word 2010 的宏功能来使其自动执行，以提高效率。宏将一系列的 Word 命令和指令组合在一起，形成一个命令，以实现任务执行的自动化。用户可以创建并执行一个宏，以替代人工进行一系列费时而重复的 Word 操作。Word 提供了两种创建宏的方法：录制宏和使用 VBA 语言编写宏程序。本任务所要求的即为前者。

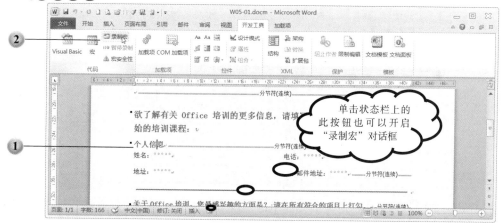

1. 将插入点定位到任意一个标题 2 段落，如图所示，光标定位于标题 2 "个人信息" 段落；
2. 单击 "开发工具" 选项卡 / "录制宏" 按钮；

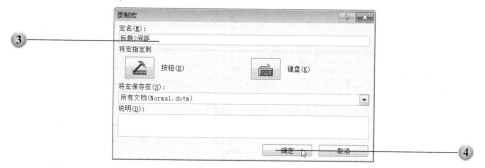

3. 在 "录制宏" 对话框中的 "宏名" 文本框中输入 "标题 2 间距"；
4. 单击 "确定" 按钮，开始宏的录制过程；

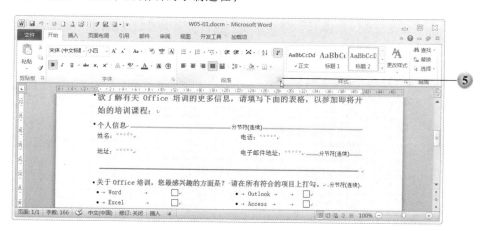

5. 单击 "开始" 选项卡 / "段落对话框启动器" 按钮；

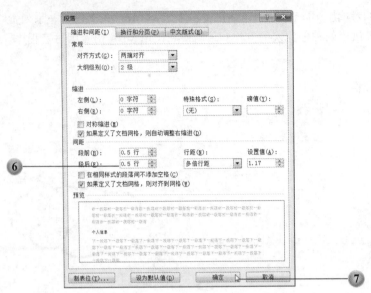

6. 在打开的"段落"对话框的"间距"组的"段后"文本框中，用数值调节钮将段后间距调整为"0.5行"(也可以直接输入)；

7. 单击"确定"按钮，关闭"段落"对话框；

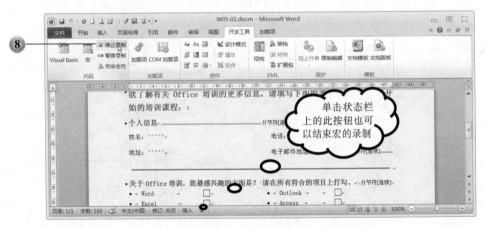

8. 单击"开发工具"选项卡/"停止录制"按钮，完成宏的录制；

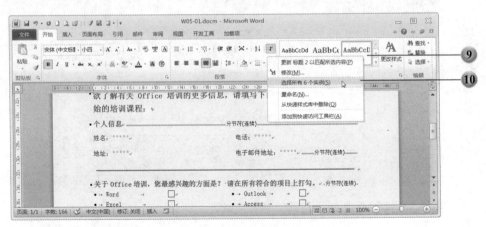

9. 右击"开始"选项卡/"样式库"中的"标题 2"（如果"标题 2"样式没有显示在样式库中，可以通过单击"样式"列表框右侧的向上或向下的箭头，滚动查找）；

10. 在快捷菜单中，单击"选择所有 6 个实例"（如果是首次使用此功能，那么此处显示的可能是"全选:（无数据）"，则单击该项即可），之后，可以看到文档中所有"标题 2"样式的文本都被选中；

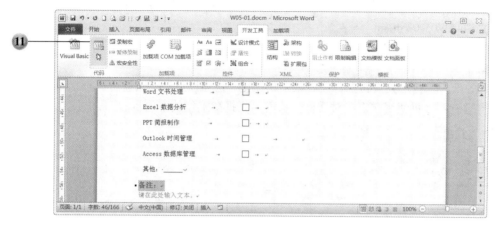

11. 单击"开发工具"选项卡/"宏"按钮；

12. 在打开的"宏"对话框中，选中宏"标题 2 间距"，单击"运行"按钮，对选中的文本应用宏；

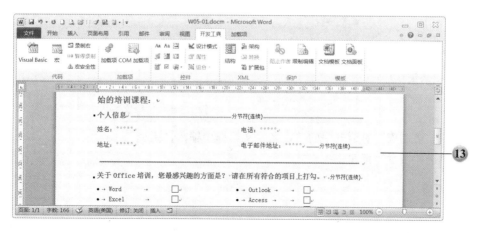

13. 完成效果如图所示。

「任务 5-2」 将宏指定给快捷键

录制对文本应用黄色突出显示效果的宏。将宏命名为"强调",并指定到快捷键 Ctrl+8。对文档中的表格"西方著名哲学家一览"的"哲学家"列的内容应用此宏。

素材文档:W05-02.docm

结果文档:W05-02-R.docm

任务解析:

录制好的宏可以指定到按钮控件或者某个快捷键,这样以后运行宏就可以直接单击该按钮或者按快捷键,不必再使用"宏"对话框,从而达到提高工作效率的目的。

解题步骤

1. 选中第 5 页表格"西方著名哲学家一览"中的文本"哲学家";

2. 单击"开发工具"选项卡/"录制宏"按钮;

3. 在"录制宏"对话框中的"宏名"文本框中输入"强调";

4. 单击"键盘"按钮;

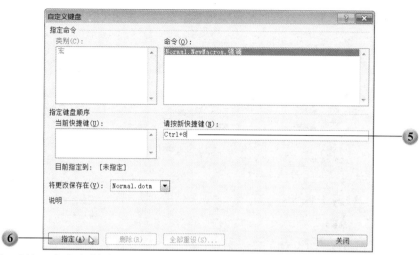

5. 在打开的"自定义键盘"对话框的"请按新快捷键"文本框中输入"Ctrl+8"（方法是同时按住 Ctrl 键和数字 8 键）；

6. 单击"指定"按钮，将即将要录制的宏指定给这组快捷键；

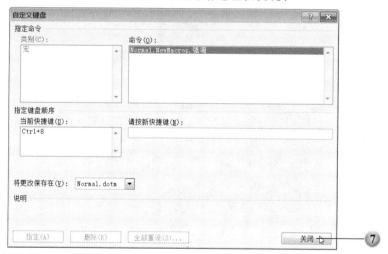

7. 单击"关闭"按钮，开始宏的录制过程；

8. 单击"开始"选项卡/"以不同颜色突出显示文本"按钮（默认为黄色）；

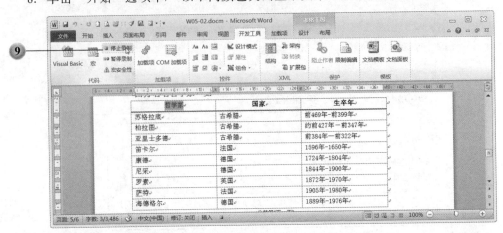

9. 单击"开发工具"选项卡/"停止录制"按钮，完成宏的录制，这时可以看到"哲学家"3个字已经被应用了黄色突出显示的效果；

10. 选中表格"西方著名哲学家一览"的"哲学家"列中从第二行开始的所有文本，并按Ctrl+8组合键，完成效果如图所示。

相关技能

录制完成的宏除了可以指定给某个快捷键，还可以指定到选项卡的某个按钮上，以方便此后使用。需要注意的是，宏只能指定到一个新的选项卡或者默认选项卡的新组中，例如，将宏"强调"指定到"开始"选项卡的方法如下图所示，首先打开"Word 选项"对话框，在"自定义功能区"选项卡中，在左侧选定要复制的宏"强调"；然后在右侧选定主选项卡中的"开始"；然后单击"新建组"按钮；新组建立完成后，单击"添加"按钮。对于添加到选项卡上的宏，还可以重新加以命名。

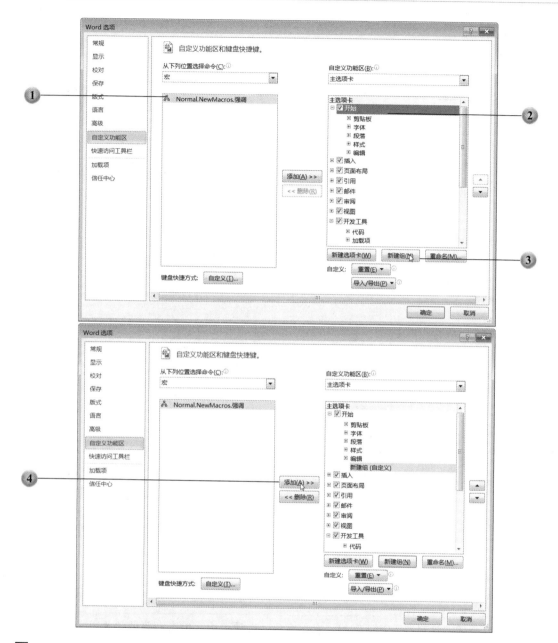

「任务 5-3」 在不同文档之间复制宏

复制"W05-03.docm"中的宏,并将其保存到"W05-03-B.docm"中。

素材文档: W05-03.docm;W05-03-B.docm

结果文档: W05-03-R.docm

任务解析:

对于在某个文档中已经录制好的宏,如果需要在其他文档中使用,那么并不需要重新录制,而是可以在不同的文档之间复制所需要的宏。

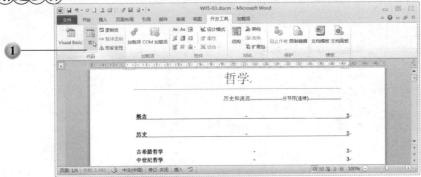

1. 单击"开发工具"选项卡/"宏"按钮;

2. 在打开的"宏"对话框中单击"管理器"按钮;

3. 在打开的"管理器"对话框的"宏方案项"选项卡中,单击右侧的"关闭文件"按钮,关闭默认的模板文件,此时原先的"关闭文件"按钮会变成"打开文件";

4. 单击"打开文件"按钮；

5. 在"打开"对话框中，找到文档"W05-03-B.docm"所在的文件夹，在文件格式列表中单击"启用宏的 Word 文档（*.docm）"；

6. 选定文档"W05-03-B.docm"；

7. 单击"打开"按钮；

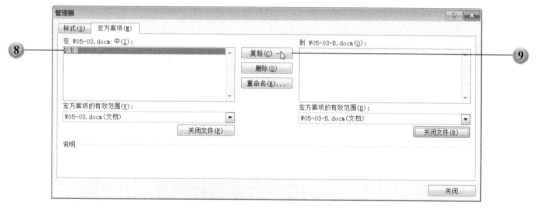

8. 在"管理器"对话框中选定左边的文档"W05-03.docm"中的宏方案项"强调"。

9. 单击对话框中间的"复制"按钮，将宏方案复制到文档"W05-03-B.docm"中；

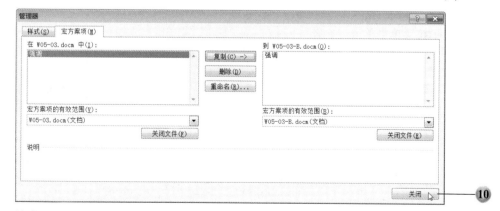

10. 单击"关闭"按钮。

11. 此时会弹出对话框询问是否要保存对于文档 "W05-03-B.docm" 的修改，单击 "保存" 按钮。

单元 6　保护和共享文档

「任务 6-1」　比较文档的差异

将文档 "W06-01.docx" 和文档 "W06-01-B.docx" 进行比较。将 "W06-01.docx" 设为原文档，在新文档中接受所有修订，并将其保存在默认路径，文件名为 "哲学的历史和流派-修订.docx"。

　　素材文档：W06-01.docx；W06-01-B.docx

　　结果文档：W06-01-R.docx

　　任务解析：

对于两个只存在细微差别的文档，找出它们之间的差别常常是困难的。为了解决这个难题，Word 2010 提供了文档比较的功能，不但可以比较两个文档内容方面的差别，还可以比较文档之间格式的不同。

解题步骤

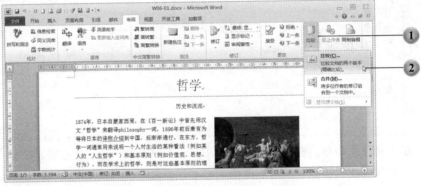

1. 单击 "审阅" 选项卡/ "比较" 下拉按钮；
2. 在下拉菜单中单击 "比较"；

3. 在打开的 "比较文档" 对话框的 "原文档" 下拉列表中选择 "W06-01.docx"；
4. 单击 "修订的文档" 文本框右侧的 "打开文件" 按钮；

5. 在"打开"对话框中，打开文档"W06-01-B.docx"所在的文件夹，并选定该文档；
6. 单击"打开"按钮；

7. 单击"比较文档"对话框的"更多"按钮，以便显示扩展选项；

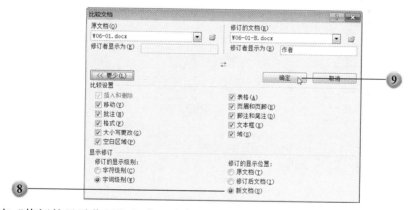

8. 在"修订的显示位置"组中，选择"新文档"；
9. 单击"确定"按钮，进行文档比较；

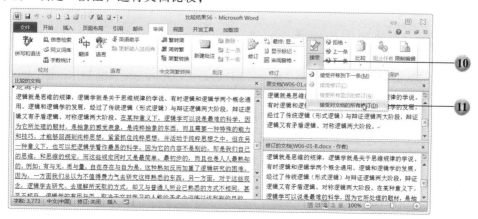

10. 此时可以看到屏幕上分别显示出了原文档、修订的文档及比较的文档，单击"审阅"选项卡/"接受"下拉按钮；

11. 在下拉菜单中单击"接受对文档的所有修订"；

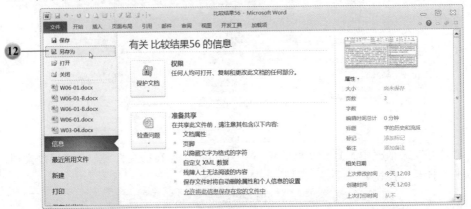

12. 单击"文件"选项卡/"另存为"按钮；

13. 在"文件名"文本框中输入"哲学的历史和流派-修订.docx"；

14. 单击"保存"按钮。

「任务 6-2」 合并修订的文档

将文档"W06-02.docx"和文档"W06-02-B.docx"合并到一个新文档中。将"W06-02.docx"设为原文档，接受文档中的所有修订，并将其保存在默认路径，文件名为"哲学的历史和流派-合并.docx"。

素材文档：W06-02.docx；W06-02-B.docx

结果文档：W06-02-R.docx

任务解析：

在协同工作的环境中，有时需要将经过他人修改的文档与原来的文档进行合并，并且将其中的差异，也就是修订显示出来，这时可以使用 Word 提供的文档合并的功能。与比较文档类似，文档合并后，可以将修订显示在原文档、修订的文档或者一个新建立的文档中，合并完成后，可以进一步选择接受或者拒绝对于原文档的修改。

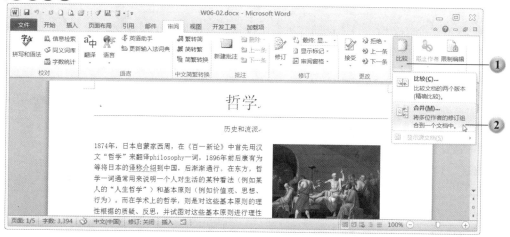

1. 单击"审阅"选项卡/"比较"下拉按钮；
2. 在下拉菜单中单击"合并"；

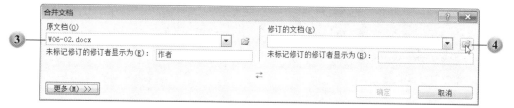

3. 在打开的"合并文档"对话框的"原文档"下拉列表框中选择"W06-02.docx"；
4. 单击"修订的文档"文本框右侧的"打开文件"按钮；

5. 在"打开"对话框中，打开文档"W06-02-B.docx"所在的文件夹，并选定该文档；

6. 单击"打开"按钮；

7. 单击"合并文档"对话框的"更多"按钮，以便显示扩展选项；

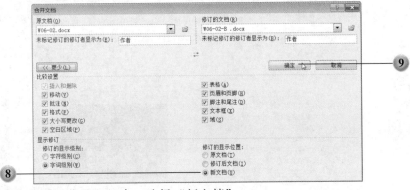

8. 在"修订的显示位置"组中，选择"新文档"；

9. 单击"确定"按钮，进行文档合并；

10. 此时可以看到屏幕上分别显示出了原文档、修订的文档及合并的文档，单击"审阅"选项卡/"接受"下拉按钮；

11. 在下拉菜单中单击"接受对文档的所有修订";
12. 单击"文件"选项卡/"另存为"按钮;

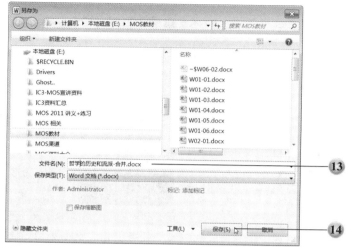

13. 在"另存为"对话框中的"文件名"文本框中输入"哲学的历史和流派-合并.docx";
14. 单击"保存"按钮。

「任务 6-3」 使用密码保护文档

限制对文档的编辑,只允许在文档中添加批注。输入"1984"作为密码。(注意:接受其他所有默认设置)

素材文档: W06-03.docx
结果文档: W06-03-R.docx
任务解析:

编辑完成的文档,有时需要交给其他人审阅,但是仅仅希望读者对于文章提出意见,也就是批注,而不希望对于文章本身的内容进行修改,此时可以使用限制编辑功能,设置为只允许读者添加批注,来达到此目的。

解题步骤

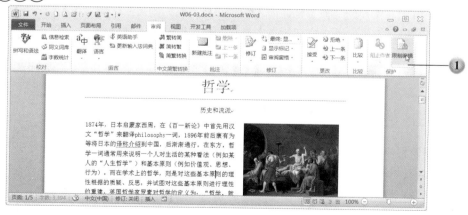

1. 单击"审阅"选项卡/"限制编辑"按钮;

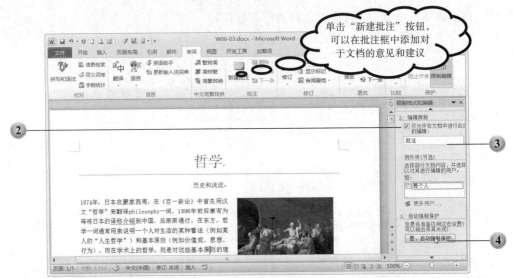

2. 在文档右侧会出现"限制格式和编辑"任务窗格，选中第 2 个选项"编辑限制"下的"仅允许在文档中进行此类型的编辑"复选框；

3. 在下面的下拉列表框中选择"批注"；

4. 单击"是，启动强制保护"按钮；

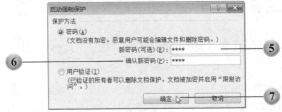

5. 在打开的"启动强制保护"对话框的"新密码（可选）"文本框中输入密码"1984"；

6. 在其下的"确认新密码"文本框中，再次输入密码"1984"；

7. 单击"确定"按钮，完成对文档的保护。

相关技能

如果交给他人阅读的文档，允许读者修改文档，例如删除或者添加某些内容，但是希望读者在修订状态来修改文档，以便于未来能清楚所修改的具体内容和修改的位置，那么在限制编辑的时候，可以选择仅允许读者对文档进行修订，如右图所示。

「任务6-4」 通过限制编辑使窗体生效

限制编辑但不使用密码，以便只能填写窗体的 3、5、6 节。

素材文档：W06-04.docx

结果文档：W06-04-R.docx

任务解析：

Word 文档中的旧式窗体控件，只有在文档被保护后，才能发挥作用。因此，在添加完窗体后，应当在限制编辑选项中将文档设置为仅允许读者填写窗体。如果仅仅希望通过限制编辑使窗体生效，而不希望对文档的其他部分进行保护，那么可以将文档中存在窗体的部分单独分节，在限制文档编辑的时候，仅仅保护存在窗体的分节。文档分节的方法请参见本篇"任务1-2"。

解题步骤

1. 单击"审阅"选项卡/"限制编辑"按钮；

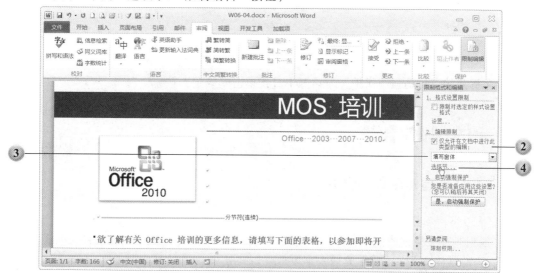

2. 在文档右侧会出现"限制格式和编辑"任务窗格，选中第2个选项"编辑限制"下的"仅允许在文档中进行此类型的编辑"复选框；

3. 在下面的下拉列表框中选择"填写窗体"；

4. 单击下面的"选择节"；

5. 在打开的"节保护"对话框中，选中第 3、5、6 节复选框；

6. 单击"确定"按钮；

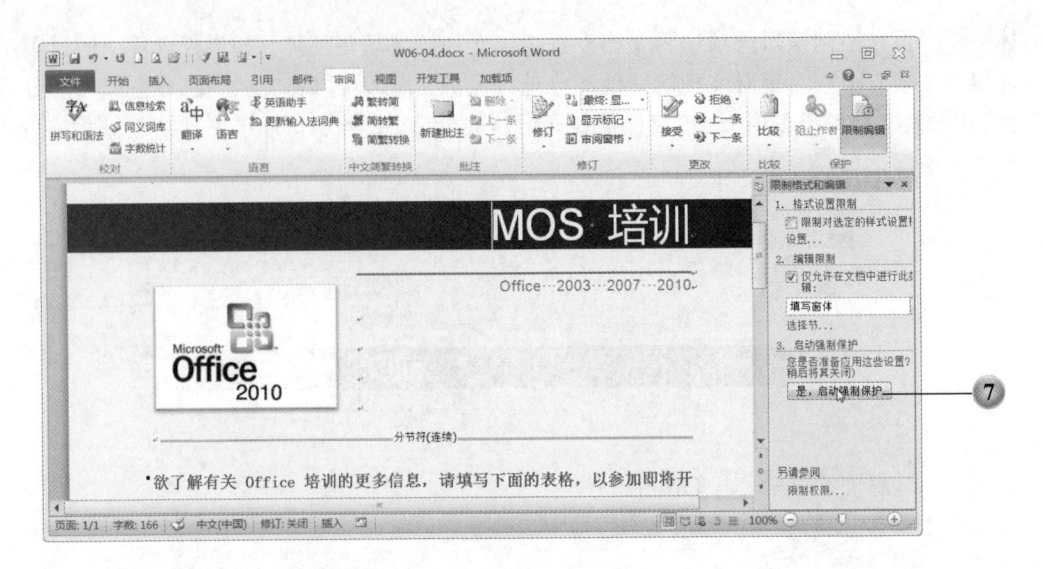

7. 单击"是，启动强制保护"按钮；

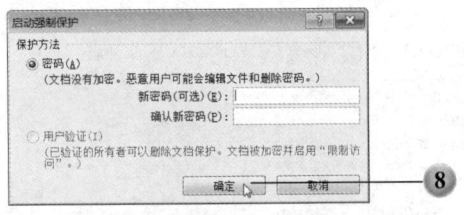

8. 在打开的"启动强制保护"对话框中直接单击"确定"按钮。

单元 7　邮件合并

「任务 7-1」创建信函邮件合并

请完成以下两项任务：

——根据当前文档创建信函合并，使用"W07-01-B.xlsx"中的数据填充收件人列表，添加"姓名"字段以替换文字"请在此插入字段"。

——从合并中排除重复记录并预览合并结果。

素材文档：W07-01.docx；W07-01-B.xlsx

结果文档：W07-01-R.docx

任务解析：

"邮件合并"这个名称最初是在批量处理"邮件文档"时提出的。具体地说就是在主文档（邮件文档）的固定内容中，合并与发送信息相关的一组通信资料，这组通信资料称为数据源，可能是 Excel 表格或者 Access 数据库等，从而批量生成需要的邮件文档，因此可以大大提高工作的效率。邮件合并有不同的类型，但操作的步骤都不外乎以下三步：

● 建立主文档，比如一封邀请函；

- 准备好数据源，比如这封邀请函要发给 100 位学员，数据源就应当是包含这 100 位学员的个人信息（姓名、地址、电话和电子邮件信箱等）的数据文件；
- 把数据源合并到主文档，例如把 100 位受邀者的姓名都添加到邀请函的邀请者位置，原则上讲，数据文件中有多少条记录，在合并后，主文档就会生成多少份文件。

解题步骤

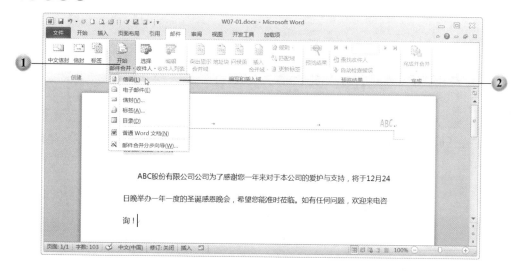

1. 单击"邮件"选项卡/"开始邮件合并"下拉按钮；
2. 在下拉菜单中单击"信函"；

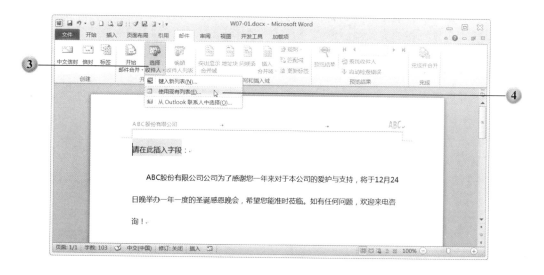

3. 单击"邮件"选项卡/"选择收件人"下拉按钮
4. 在下拉菜单中单击"使用现有列表"；

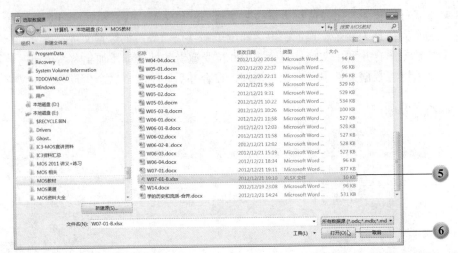

5. 在打开的"选取数据源"对话框中，打开文档"W07-01-B．xlsx"所在文件夹，并选定该文档；

6. 单击"打开"按钮；

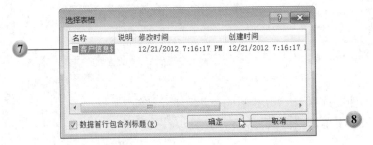

7. 在打开的"选择表格"对话框中，选择工作表"客户信息"；

8. 单击"确定"按钮；

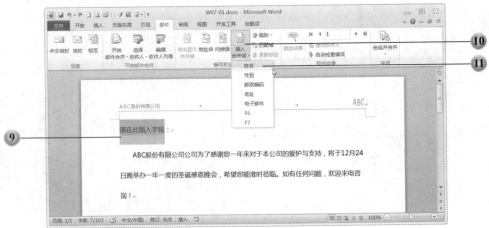

9. 选择文档中突出显示的文本"请在此插入字段"；

10. 单击"邮件"选项卡/"插入合并域"下拉按钮；

11. 在下拉菜单中单击"姓名"字段，可以看到之前选中的文本已经被替换为了刚刚插入的"姓名"字段；

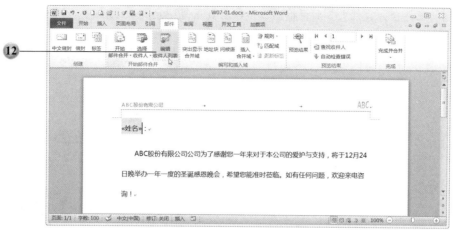

12. 单击"邮件"选项卡/"编辑收件人列表"按钮；

13. 在打开的"邮件合并收件人"对话框中，单击"查找重复收件人"按钮；

14. 在打开的"查找重复收件人"对话框中，可以看到，收件人"李与文"出现了两次，将第二条记录的选中状态取消。

15. 单击"确定"按钮；

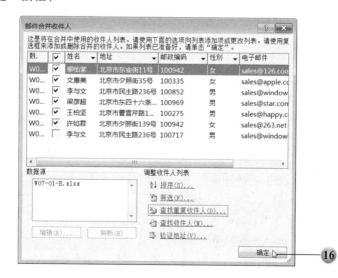

16. 回到"邮件合并收件人"对话框后，可以看到重复记录的选中状态已经被取消，继续单击"确定"按钮；

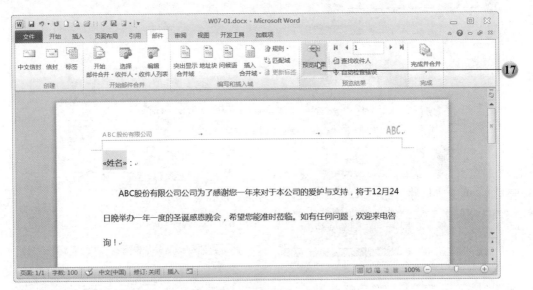

17. 单击"邮件"选项卡/"预览结果"按钮；

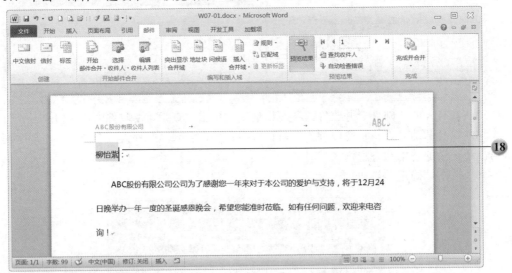

18. 完成的效果如图所示。

「任务 7-2」 创建信封邮件合并

不要开始新的合并，使用"W07-02-B.xlsx"中的数据填充收件人列表，添加姓名和电子邮件字段以替换相应的占位符。然后，编辑个人文档以完成合并，并将合并结果保存在"文档"文件夹，名称为"信封合并"（如果在 Windows XP 环境下，请将文档保存在"我的文档"文件夹中）。

素材文档：W07-02.docx；W07-02-B.xlsx

结果文档：W07-02-R.docx

任务解析：

邮件合并应用的领域主要有批量产生信函、电子邮件、信封和标签等，本任务要求的就是进行信封的合并，将数据源中的记录的姓名和电子邮件字段添加到每一个信封的相应位置。

解题步骤

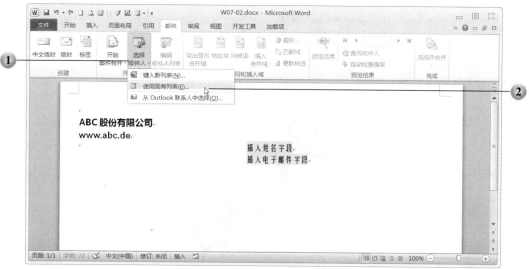

1. 单击"邮件"选项卡/"选择收件人"下拉按钮；
2. 在下拉菜单中单击"使用现有列表"；

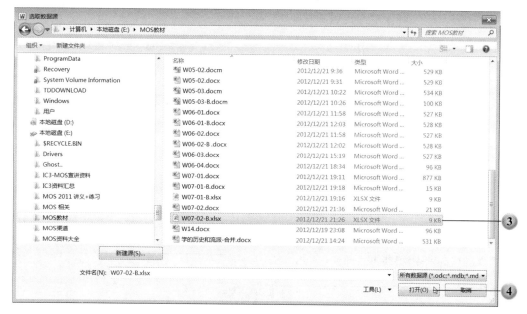

3. 在打开的"选取数据源"对话框中，打开文档"W07-02-B.xlsx"所在文件夹，并选定该文档；
4. 单击"打开"按钮；

5. 在打开的"选择表格"对话框中，选择工作表"客户信息"；

6. 单击"确定"按钮；

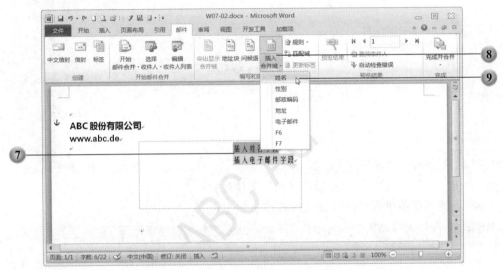

7. 选择文档中突出显示的文本"插入姓名字段"；

8. 单击"邮件"选项卡/"插入合并域"下拉按钮；

9. 在下拉菜单中单击"姓名"字段，可以看到之前选中的文本已经被替换为了刚刚插入的"姓名"字段；

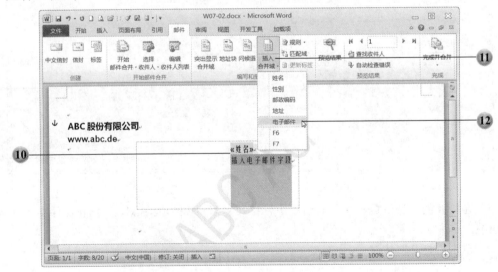

10. 选择文档中突出显示的文本"插入电子邮件字段";

11. 单击"邮件"选项卡/"插入合并域"下拉按钮;

12. 在下拉菜单中单击"电子邮件"字段,可以看到之前选中的文本已经被替换为了刚刚插入的"电子邮件"字段;

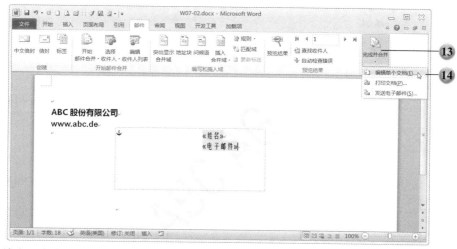

13. 单击"邮件"选项卡/"完成并合并"下拉按钮;

14. 在下拉菜单中单击"编辑单个文档";

15. 在打开的"合并到新文档"对话框中,默认选中的为"全部"单选按钮,无须更改,直接单击"确定"按钮,完成邮件合并;

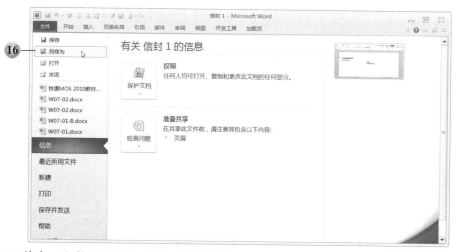

16. 单击"文件"选项卡/"另存为"按钮;

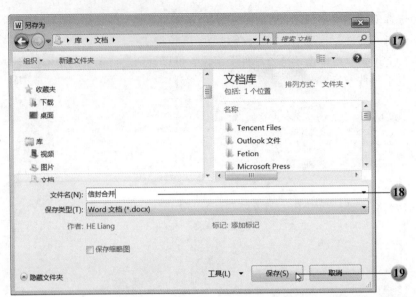

17. 在"另存为"对话框中，打开"文档"文件夹（如果在 Windows XP 环境下，请打开
"我的文档"文件夹）；

18. 在"文件名"文本框输入"信封合并"；

19. 单击"保存"按钮。

第3篇

Excel 2010 专家级应用

Microsoft® Office

单元 1　Excel 公式与函数的高级应用

「任务 1-1」　应用 COUNTIF 函数进行条件统计

在工作表"图书销售统计"的单元格 M2 中，添加一个函数以对"仓库 2"中的图书种类进行计数。

素材文档：E01-01.xlsx

结果文档：E01-01-R.xlsx

任务解析：

COUNTIF 函数用于对区域中满足单个指定条件的单元格进行计数。例如，可以对以某一字母开头的所有单元格进行计数，也可以对大于或小于某一指定数字的所有单元格进行计数。COUNTIF 函数的语法为：COUNTIF(range, criteria)。其中，range 为要进行计数的单元格区域，criteria 是用于定义对哪些单元格进行计数的条件。

解题步骤

![E01-01.xlsx Microsoft Excel 界面截图，展示"公式"选项卡中"其他函数"→"统计"→"COUNTIF"的操作路径]

1. 选定单元格"M2"；
2. 单击"公式"选项卡/"其他函数"下拉按钮；
3. 在下拉菜单中单击"统计"函数；
4. 在下一级菜单中单击"COUNTIF"；

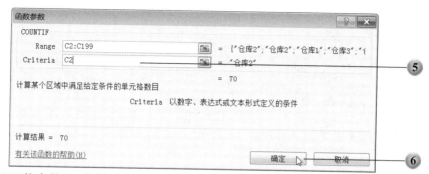

5. 打开"函数参数"对话框,在"Range"文本框中输入"C2:C199",在"Criteria"文本框中输入"C2";

6. 单击"确定"按钮;

7. 得到的计算结果如图所示。

相关技能

在使用 COUNTIF 函数进行计数的时候,如果使用者对函数的参数还不熟悉,最好的方法是使用"函数参数"对话框输入函数,在逐渐对该函数的各个参数熟悉之后,直接在 Excel 的编辑栏中输入函数,效率会更高。例如本任务,可以在选定 M2 单元格后,直接在编辑栏输入"=COUNTIF(C2:C199,C2)",然后按 Enter 键,即可完成任务的解答。其他函数的输入方法与本任务相同。

「任务 1-2」 应用 COUNTIFS 函数对符合条件的数据计数

在工作表"ABC 电脑销售统计"的单元格 P2 中,使用 COUNTIFS 函数,计算在区域 3 中,有多少名销售人员的年度总销售量超过了 25000。

素材文档:E01-02.xlsx

结果文档:E01-02-R.xlsx

任务解析:

COUNTIFS 函数用于对区域中满足多个指定条件的单元格进行计数。COUNTIFS 函数的语法为 COUNTIFS(criteria_range1, criteria1, [criteria_range2, criteria2]...)。其中, criteria_range1 为计算关联条件的第一个区域,criteria1 为第一个关联条件。该函数总共可以对 127 个关联条件区域进行多条件计数。

1. 选定单元格"P2";
2. 单击"公式"选项卡/"其他函数"下拉按钮;
3. 在下拉菜单中单击"统计"函数;
4. 在下一级菜单中单击"COUNTIFS";

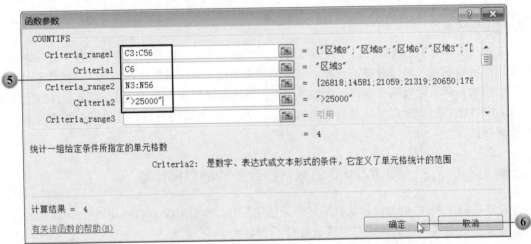

    5. 打开"函数参数"对话框,在"Criteria_range1"文本框中输入"C3:C56",在"Criteria1"文本框中输入"C6",在"Criteria_range2"文本框中输入"N3:N56",在"Criteria2"文本框中输入"">25000"";
    6. 单击"确定"按钮;

7. 得到的计算结果如图所示。

「任务 1-3」 应用 SUMIFS 函数对符合条件的数据求和

在工作表"图书销售统计"的单元格 M2 中，插入 SUMIFS 函数，计算仓库 2 中以"酒"开头的图书中，销往东北的总金额。

素材文档：E01-03.xlsx
结果文档：E01-03-R.xlsx
任务解析：

SUMIFS 函数用于对区域中满足多个条件的单元格求和。例如，以某个字母开头的单元格或者大于某个数值的单元格等。该函数的语法为"SUMIFS(sum_range, criteria_range1, criteria1, [criteria_range2, criteria2], …)"。其中，sum_range 为包含要进行求和的数值的单元格区域，criteria_range1 为第一个关联条件区域，criteria1 为第一个关联条件。SUMIFS 函数最多允许附加 127 个关联区域。

解题步骤

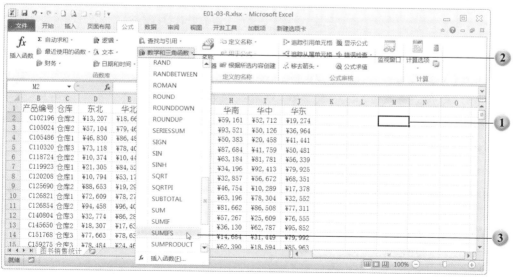

1. 选定单元格 "M2";
2. 单击 "公式" 选项卡/"数学和三角函数" 下拉按钮;
3. 在下拉菜单中单击 "SUMIFS" 函数;

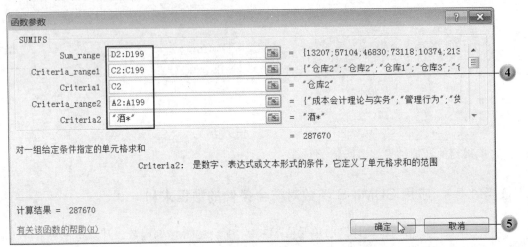

4. 打开 "函数参数" 对话框,在 "Sum_range" 文本框中输入 "D2:D199",在 "Criteria_range1" 文本框中输入 "C2:C199",在 "Criteria1" 文本框中输入 "C2",在 "Criteria_range2" 文本框中输入 "A2:A199",在 "Criteria2" 文本框中输入 ""酒*"";

5. 单击 "确定" 按钮;

6. 得到的计算结果如图所示。

「任务 1-4」 应用 AVERAGEIFS 函数统计符合条件的数据平均值

在工作表 "图书销售统计" 的单元格 M2 中,使用 AVERAGEIFS 函数,计算仓库 2 中销往华中的平均值。(剔除值为 0 的情况)

素材文档:E01-04.xlsx
结果文档:E01-04-R.xlsx

任务解析：

与 SUMIFS 函数用法类似，AVERAGEIFS 函数用于对区域内满足多个条件的单元格求平均值。该函数的语法为"AVERAGEIFS(average_range, criteria_range1, criteria1, [criteria_range2, criteria2], …)"。其中，average_range 为包含要进行求平均值的数值的单元格区域，criteria_range1 为第一个关联条件区域，criteria1 为第一个关联条件。AVERAGEIFS 函数最多允许附加 127 个关联区域。

 解题步骤

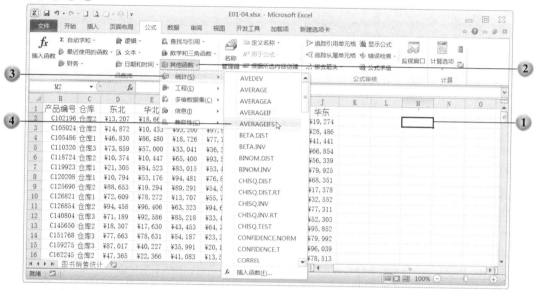

1. 选定单元格"M2"；
2. 单击"公式"选项卡/"其他函数"下拉按钮；
3. 在下拉菜单中单击"统计"函数；
4. 在下一级菜单中单击"AVERAGEIFS"；

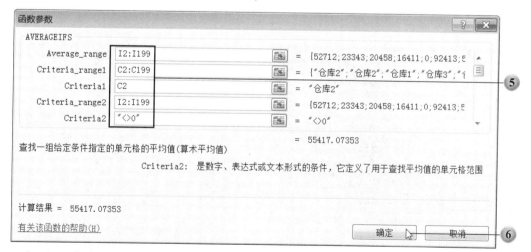

5. 打开"函数参数"对话框，在"Average_range"文本框中输入"I2:I199"，在"Criteria_range1"文本框中输入"C2:C199"，在"Criteria1"文本框中输入"C2"，在"Criteria_range2"文本框

中输入"I2:I199",在"Criteria2"文本框中输入""<>0"";

6. 单击"确定"按钮;

7. 得到的计算结果如图所示。

「任务 1-5」 应用 HLOOKUP 函数进行数据查询

在工作表"ABC 电脑销售量统计"的单元格 C10 中,使用 HLOOKUP 函数,查找西南区域的销售经理的总销售量。

素材文档:E01-05.xlsx

结果文档:E01-05-R.xlsx

任务解析:

HLOOKUP 函数用于在表格的首行查找指定的数值,并返回该数值同一列中指定行的值。HLOOKUP 中的 H 代表"行"。该函数的语法为"HLOOKUP(lookup_value,table_array,row_index_num,[range_lookup])"。其中,lookup_value 为需要在表格的第一行中查找的数值,table_array 为需要在其中查找信息的表格,row_index_num 为在首行查找到数值后,所要返回的值所在的行的序列号,[range_lookup]为逻辑值,可选,如果填写 1,则进行近似匹配,如果填写 0,则进行精确查询。

解题步骤

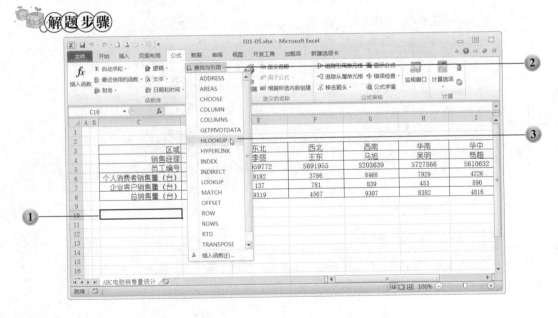

1. 选定单元格"C10";
2. 单击"公式"选项卡/"查找与引用"下拉按钮;
3. 在下拉菜单中单击"HLOOKUP"函数;

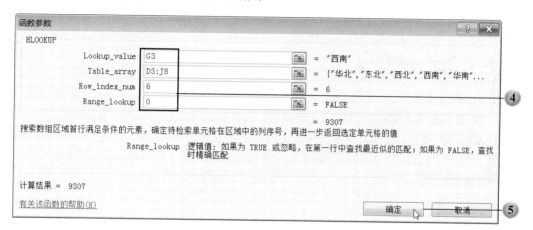

4. 打开"函数参数"对话框,在"Lookup_value"文本框中输入"G3",在"Table_array"文本框中输入"D3:J8",在"Row_index_num"文本框中输入"6",在"Range_lookup"文本框中输入"0";
5. 单击"确定"按钮;

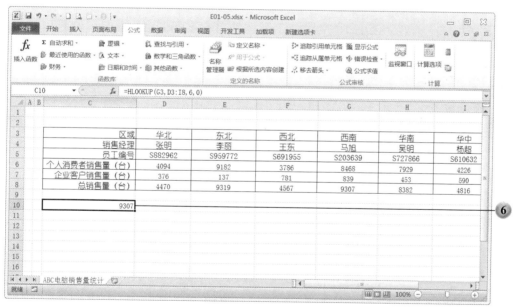

6. 得到的计算结果如图所示。

「任务 1-6」应用 VLOOKUP 函数进行数据查询

在工作表"ABC 电脑销售量统计"的单元格 B12 中,使用 VLOOKUP 函数,查找华东区域的销售经理的总销售量。

素材文档：E01-06.xlsx

结果文档：E01-06-R.xlsx

任务解析：

VLOOKUP 函数用于在表格的首列查找指定的数值，并返回该数值同一行中指定列的值。VLOOKUP 中的 V 代表"列"。该函数的语法为"VLOOKUP(lookup_value,table_array, col_index_num,[range_lookup])"。其中，lookup_value 为需要在表格的第一列中查找的数值，table_array 为需要在其中查找信息的表格，col_index_num 为在首列查找到数值后，所要返回的值所在的列的序列号，[range_lookup]为逻辑值，可选，如果填写 1，则进行近似匹配，如果填写 0，则进行精确查询。如果表格是横向的，也就是说所要查询的数值在表格的第一行，则使用 HLOOKUP 函数；相反，如果表格是纵向的，即所要查询的数值在表格的第一列，那么应当使用 VLOOKUP 函数。我们日常所建立的表格，大多为纵向的表格，因此 VLOOKUP 函数在工作中应用更为广泛。

解题步骤

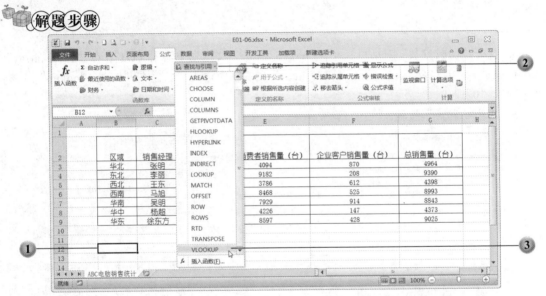

1. 选定单元格"B12"；

2. 单击"公式"选项卡/"查找与引用"下拉按钮；

3. 在下拉菜单中单击"VLOOKUP"函数；

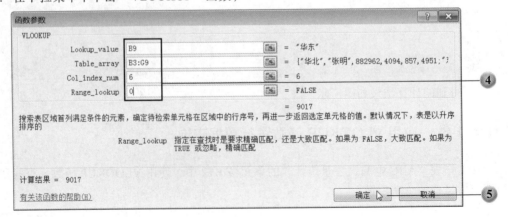

4. 打开"函数参数"对话框，在"Lookup_value"文本框中输入"B9"，在"Table_array"文本框中输入"B3:G9"，在"Col_index_num"文本框中输入"6"，在"Range_lookup"文本框中输入"0"；

5. 单击"确定"按钮；

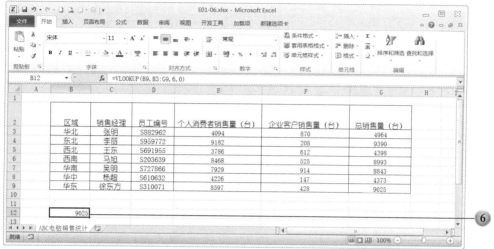

6. 得到的计算结果如图所示。

「任务 1-7」 设置 Excel 选项——更改公式错误标识

配置 Excel，以使用红色标识检测到的公式错误。

素材文档： E01-07.xlsx
结果文档： E01-07-R.xlsx
任务解析：

在安装完毕，首次使用的时候，Excel 2010 已经包含了各种默认的设置，如显示界面、保存方式等。如果出于特殊需求，要对这些设置进行修改，那么需要在 Excel 选项中更改设置。在函数与公式方面，Excel 2010 也有其默认的设置，比如，如果一个单元格中的公式包含错误，那么会在这个单元格的左上角出现相应的标记，有时为了避免标记的颜色和单元格的底色混淆，可以修改 Excel 2010 所默认的单元格错误标识颜色为任意的其他颜色。

解题步骤

1. 单击"文件"选项卡/"选项"按钮；

2. 在打开的"Excel 选项"对话框中，单击"公式"选项卡；

3. 单击"错误检查"组中的"使用此颜色标识错误"下拉按钮，在下拉列表中选择红色；

4. 单击"确定"按钮，完成设置。

「任务 1-8」 设置 Excel 选项——启用迭代计算

启用迭代计算，并将最多迭代次数设置为 50。

素材文档：E01-08.xlsx

结果文档：E01-08-R.xlsx

任务解析：

当某个单元格中的公式直接或间接引用了该单元格自身时，就构成循环引用。例如，单元格 A1 中的公式为"=A1+A2"，这个公式引用了单元格 A1 本身。Excel 可能无法处理这一状况。要想使 Excel 能处理循环引用，需要启用迭代计算。

所谓迭代是指在满足特定数值条件之前重复计算工作表。迭代计算可对性能产生重要影响。因此在默认情况下，Excel 中关闭了迭代计算。启用迭代计算的同时，还必须确定迭代次数，也就是重新计算公式的次数。

解题步骤

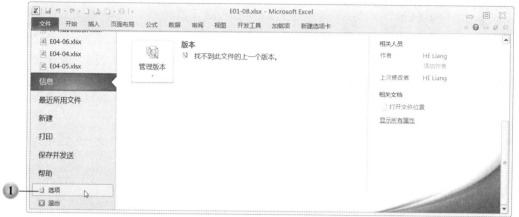

1. 单击"文件"选项卡/"选项"按钮；

2. 在打开的"Excel 选项"对话框中，单击"公式"选项卡；
3. 选中"计算选项"组的"启用迭代计算"复选框；
4. 在"最多迭代次数"文本框中输入"50"；
5. 单击"确定"按钮，完成设置。

「任务 1-9」 追踪单元格的公式引用

在工作表"ABC 电脑销售统计"中，追踪单元格 N57 的所有直接和间接的公式引用。

素材文档：E01-09.xlsx

结果文档：E01-09-R.xlsx

任务解析：

引用单元格是指被其他单元格中的公式引用的单元格。例如，如果单元格 D10 的公式为"=B5"，那么单元格 B5 就是单元格 D10 的引用单元格。在一个复杂的工作表中，某个单元格中的公式可能会引用多个其他的单元格，而这些被引用的单元格常常又引用了另外的单元格，由此形成多个级别的直接和间接引用关系，这使得检查公式是否准确或者查找错误根源变得十分困难。

为了帮助检查公式，Excel 提供了"追踪引用单元格"命令，以图形方式显示或追踪某个单元格与其引用单元格之间的关系。

解题步骤

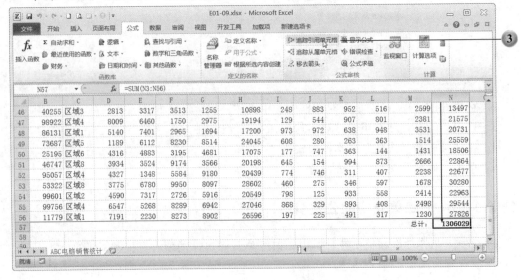

1. 选定单元格"N57"；

2. 单击"公式"选项卡/"追踪引用单元格"按钮；

3. 可以看到通过箭头的形式指示出了单元格 N57 的所有直接引用的单元格，再次单击"追踪引用单元格"按钮；

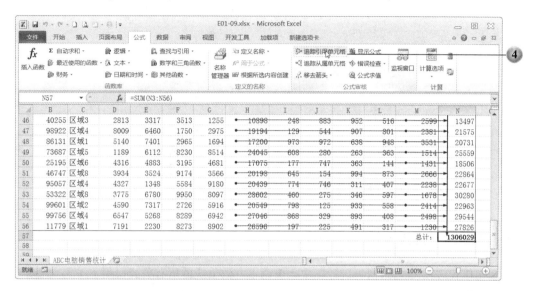

4. 可以看到显示出了部分单元格 N57 的间接引用单元格，第三次单击"追踪引用单元格"按钮，单元格 N57 的全部直接和间接引用单元格都被显示出来；

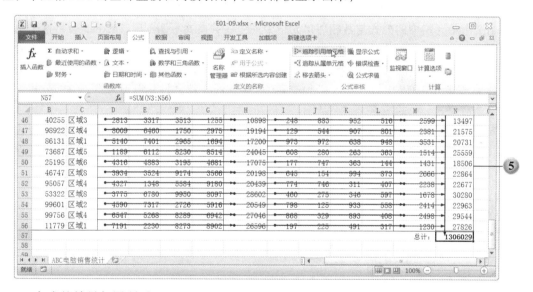

5. 完成的效果如图所示。

相关技能

与引用单元格类似的是从属单元格，二者正好相反。例如，如果单元格 D10 中的公式为"=B5"，那么单元格 D10 就是单元格 B5 的从属单元格。使用同样的方法，在 Excel 中也可以追踪某个单元格的从属单元格。下图为追踪单元格 H5 的从属单元格的完成效果。

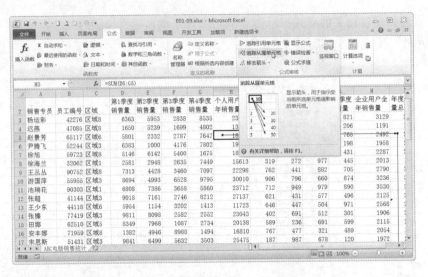

「任务 1-10」 查找表格中不一致的公式引用

在工作表"ABC电脑销售统计"中，追踪不一致公式的所有公式引用。

素材文档：E01-10.xlsx

结果文档：E01-10-R.xlsx

任务解析：

当某个单元格中的公式与其相邻单元格中的公式的模式不匹配时，Excel 会将这个单元做出错误标记。例如，要使 C 列的值为 A 列中的数值乘以 B 列中的数值，则单元格 C1 中的公式为"=A1*B1"，单元格 C2 中的公式为"=A2*B2"，单元格 C3 中的公式为"=A3*B3"，依此类推。如果在单元格 C4 中的公式为"=A4*B2"，则 Excel 就会将其识别为不一致的公式，因为要继续之前模式，公式应该是"=A4*B4"。

Excel 提供了"错误检查"工具，可以帮助使用者快速找到工作表中存在不一致公式的单元格。但需要注意的是，不一致的公式并不一定意味着该公式必然是错误的。如果公式确实是错误的，使单元格引用保持一致通常会解决问题。

解题步骤

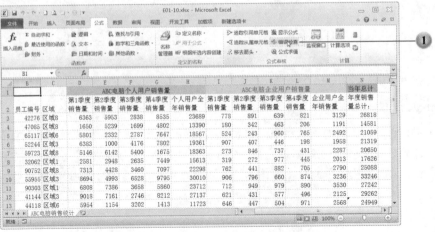

1. 单击"公式"选项卡/"错误检查"按钮；

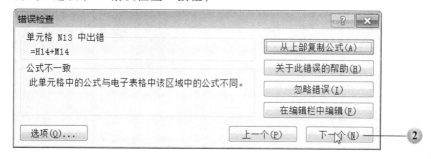

2. 在打开的"错误检查"对话框中，会显示出找到的第一个公式不一致的单元格，继续单击"下一个"按钮；

3. 在提示完成查找的对话框中单击"确定"按钮，此时被找到的公式不一致的单元格 N13 处于选中状态；

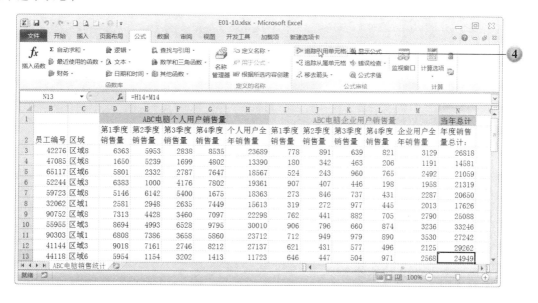

4. 单击"公式"选项卡/"追踪引用单元格"按钮，可以看到通过箭头的形式指示出了单元格 N13 的所有直接引用的单元格；

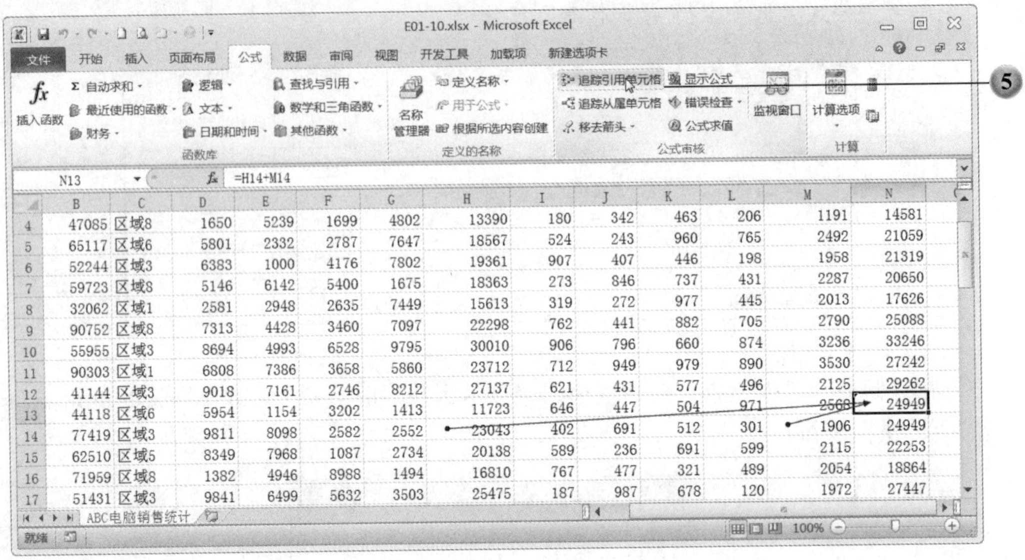

5. 再次单击"追踪引用单元格"按钮，可以看到单元格 N13 的全部直接和间接引用单元格都被指示了出来；

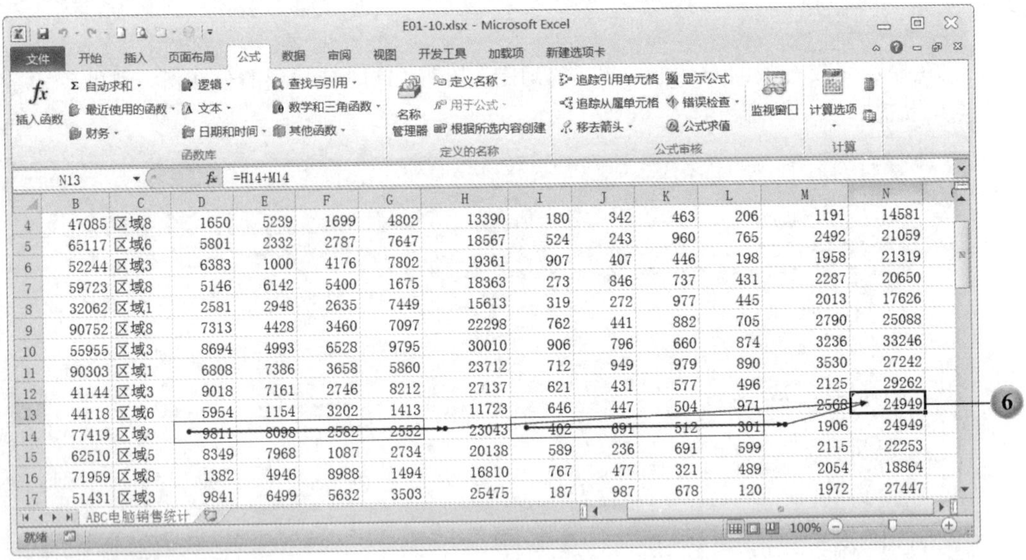

6. 完成的效果如图所示。

「任务 1-11」 应用公式求值工具更正公式错误

在工作表"课酬统计"中，使用"公式求值"工具，更正单元格 G5 中的错误。

素材文档： E01-11.xlsx

结果文档： E01-11-R.xlsx

任务解析：

在 Excel 中，对于比较复杂的计算公式，比如包含多层嵌套函数的公式，当计算结果为错误值时，如何快速检查计算公式的错误呢？Excel 所提供的"公式求值"工具，可以帮助使用者检查公式每一步的计算结果，从而找出错误所在。需要注意的是，公式求值工具仅仅通过分步计算复杂公式，来帮助找到错误所在，其本身不能自动更正错误。

解题步骤

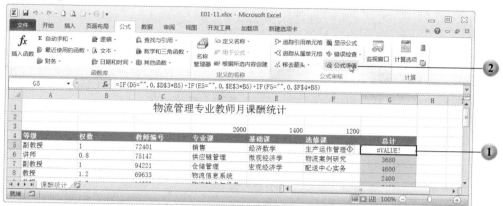

1. 选定单元格"G5"；
2. 单击"公式"选项卡/"公式求值"按钮；

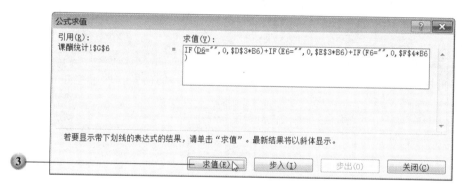

3. 在打开的"公式求值"对话框中，在上方的文本框中可以看到单元格 G5 的公式，反复单击"求值"按钮，可以看到分步运算的结果；

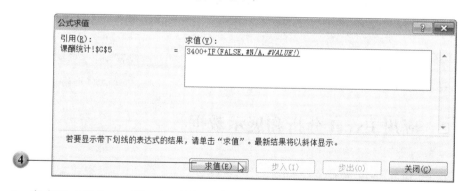

4. 在出现"#VALUE!"时，仔细观察该部分的有问题的公式，可以发现是单元格引用出现了错误，将 F3 单元格误引用为了 F4 单元格，观察完毕后，继续反复单击"求值"按钮；

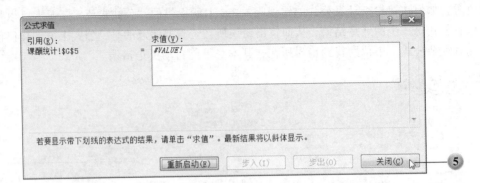

5. 在全部公式运算完成后，单击"关闭"按钮，结束公式求值；

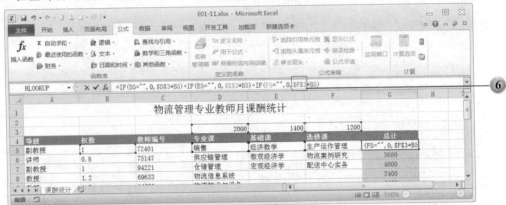

6. 在编辑栏，将 G5 单元格的公式中的"$F$4"更改为"$F$3"，然后按 Enter 键；

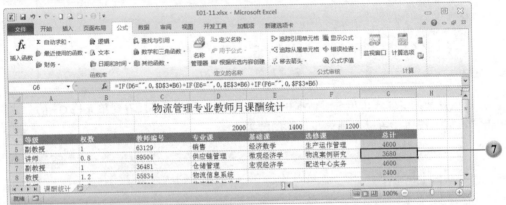

7. 完成效果如图所示。

➡ 单元 2 应用 Excel 分析和展示数据

「任务 2-1」 合并多个区域中的数据

　　将工作簿中名称为"_2009 年"、"_2010 年"和"_2011 年"的区域合并到新工作表，并对其求和，起始单元格为 A1，在首行和最左列显示标签，并将新工作表命名为"三年汇总"。

素材文档：E02-01.xlsx

结果文档：E02-01-R.xlsx

任务解析：

要汇总单独工作表中数据的结果，可将各个单独工作表中的数据合并到一个工作表（主工作表）。例如，每个地区分支机构，都有一张计算收支数据的工作表，则可以使用数据合并功能将这些数据合并到一张汇总的主工作表上。这张主工作表可包含整个企业的销售总额和平均值等指标。需要注意的是，要进行行合并计算的多个数据区域中的数据应当使用相同的行标签和列标签，这样才能得到正确的结果。

本任务中要求进行合并的是3个命名的单元格区域，这3个区域中的数据以相同的顺序排列，并有着相同的行标签和列标签。为了使 Excel 中的公式更加容易维护和理解，可以为某个单元格区域、函数和常量定义名称，定义后的名称可以如同某个数值一样，参加计算。

 解题步骤

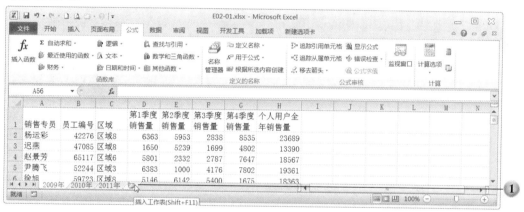

1. 单击"插入工作表"按钮，建立新工作表"Sheet1"；

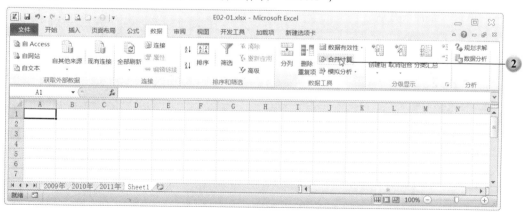

2. 单击"数据"选项卡/"合并计算"按钮；

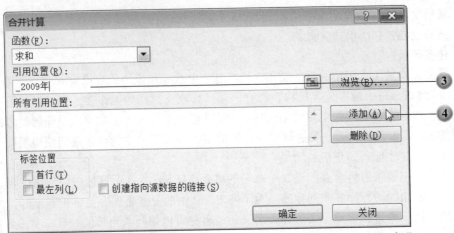

3. 在打开的"合并计算"对话框中，在"引用位置"文本框输入"_2009年"；

4. 单击"添加"按钮；

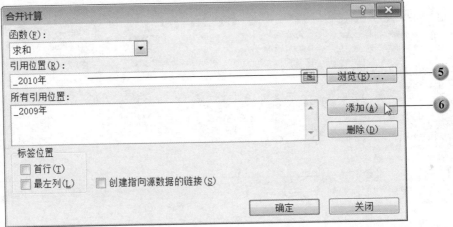

5. 继续在"引用位置"文本框输入"_2010年"；

6. 单击"添加"按钮；

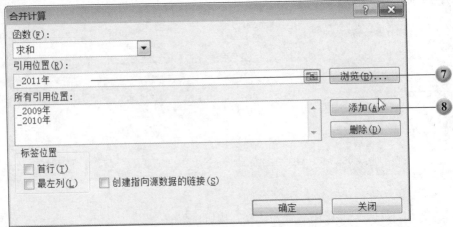

7. 继续在"引用位置"文本框输入"_2011年"；

8. 单击"添加"按钮；

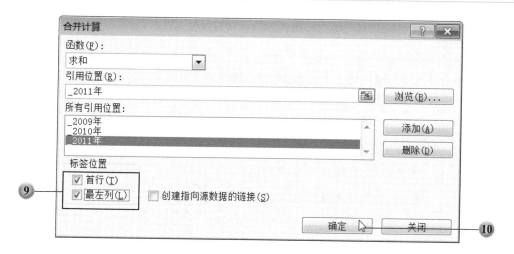

9. 选中"首行"和"最左列"复选框;

10. 单击"确定"按钮,完成合并;

11. 双击"Sheet1"工作表标签,使其处于编辑状态;

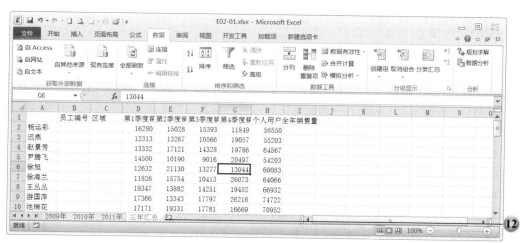

12. 将"Sheet1"替换为"三年汇总",按 Enter 键,完成后的效果如图所示。

相关技能

单击"公式"选项卡/"名称管理器"按钮，会打开"名称管理器"对话框，在其中可以看到本任务中合并计算所引用的 3 个名称，以及每个名称所包含的单元格区域范围。单击对话框中的"新建"按钮，可以建立新的名称；单击"编辑"按钮可以修改已经存在的名称；单击"删除"按钮，可以删除名称。

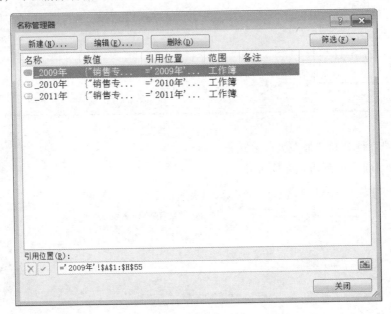

「任务 2-2」 创建方案模拟分析数据

创建并显示名为"发展预测"的方案，通过该方案可以将"去年销售金额(元)"的值更改为"300000"。

素材文档：E02-02.xlsx

结果文档：E02-02-R.xlsx

任务解析：

预测未来值是决策制定过程的重要组成部分。有效的方法之一是规划多组值以查看它们对结果的影响。Excel 提供的"方案管理器"工具可以轻松地达成此目的，该工具的基本思想是在工作表中自动替换可变的参数，例如银行的利率，查看结果（例如利息收入）的变化情况。方案管理器可以帮助使用者分析的典型问题包括：

- 单位成本发生变化后如何影响净利润？
- 气温的升高会导致冰川的融化程度如何变化？
- 如果利率降低，还贷情况如何变化？

使用者可以在工作表中创建不同的方案并加以保存，然后切换方案以查看不同的结果。还可以创建摘要来比较各种不同方案的结果。

解题步骤

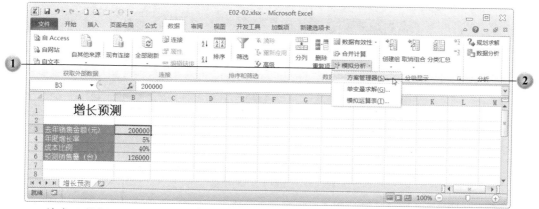

1. 单击"数据"选项卡/"模拟分析"下拉按钮；
2. 在下拉菜单中单击"方案管理器"；

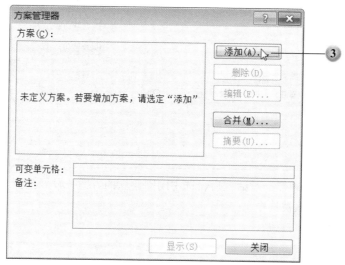

3. 在打开的"方案管理器"对话框中，单击"添加"按钮；

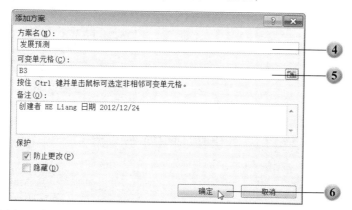

4. 在打开的"添加方案"对话框的"方案名"文本框中输入"发展预测"；

5. 在"可变单元格"文本框中输入"B3";
6. 单击"确定"按钮,此时会打开"方案变量值"对话框;

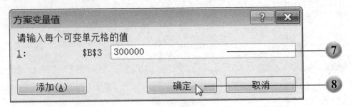

7. 在"方案变量值"对话框的"$B$3"文本框中输入"300000";
8. 单击"确定"按钮;

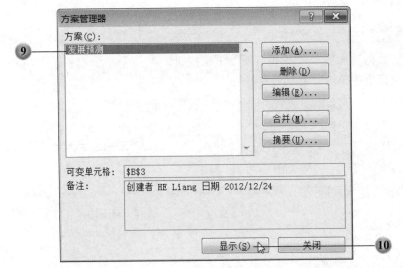

9. 回到"方案管理器"对话框后,选中刚刚建立的方案"发展预测"(在只有一个方案的情况下,该方案会默认被选中);
10. 单击"显示"按钮;

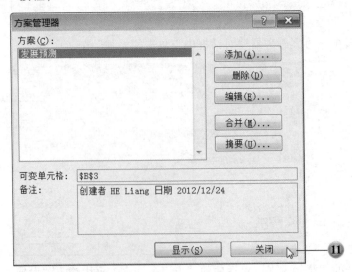

11. 单击"关闭"按钮;

12. 完成效果如图所示。

相关技能

如果在方案管理器中建立了多个方案，可以通过单击"摘要"按钮，创建方案摘要来比较各个方案之间的差别，具体操作方法和完成效果如下图所示，单击"数据"选项卡/"模拟分析"下拉按钮，在下拉菜单中单击"方案管理器"，此时会打开"方案管理器"对话框，单击"摘要"按钮，会在新的工作表中建立包含所有方案的方案摘要。

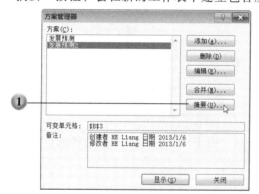

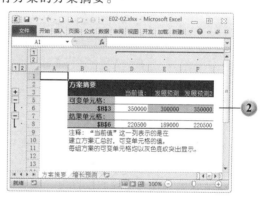

「任务 2-3」 应用数据透视表分类汇总数据

在新工作表中创建数据透视表，该数据透视表的行标签为"产品"，列标签为"发货城市"，最大值项为"订单金额"。

素材文档：E02-03.xlsx

结果文档：E02-03-R.xlsx

任务解析：

使用数据透视表可以高效地分类、汇总和分析大量的数据。数据透视表是工作中进行决策分析的有力工具。需要注意的是，创建数据透视表的基础是规范的源数据，源数据应当采取列表格式，即列标签应位于第一行，后续行中的每个单元格都应包含与其列标题相对应的数据，且源数据中不得出现任何空行或空列。建立后的数据透视表，会将原来数据源中的列标签作为新建立的报表的行标签和列标签，并加以分类和汇总。

解题步骤

1. 选定工作表"10 月订单统计"中的数据区域的任意一个单元格；
2. 单击"插入"选项卡/"数据透视表"下拉按钮；
3. 在下拉菜单中单击"数据透视表"；

4. 在打开的"创建数据透视表"对话框中，确认"表/区域"文本框中所选择的单元格范围为"'10 月订单统计'!$A$1:$F$126"；
5. 确认数据透视表存放的位置为"新工作表"；
6. 单击"确定"按钮；

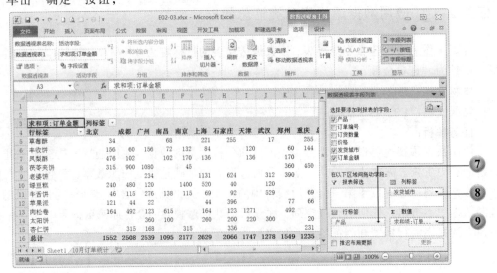

7. 在打开的"数据透视表字段列表"任务窗格中，将"选择要添加到报表的字段"复选框列表中的"产品"字段拖动到下方的"行标签"区域；

8. 用同样的方法，将"发货城市"字段拖动到"列标签"区域；

9. 再将"订单金额"字段拖动到"数值"区域；

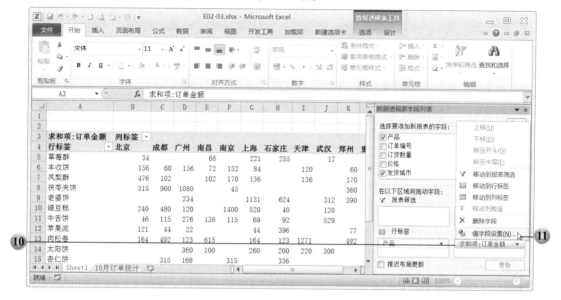

10. 单击"数值"文本框中的"求和项：订单金额"；

11. 在向上开启的菜单中，单击"值字段设置"；

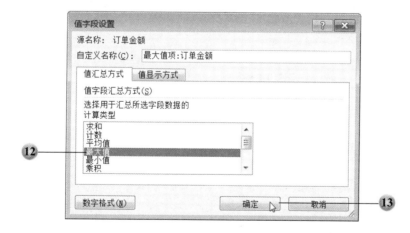

12. 在打开的"值字段设置"对话框中，在"值汇总方式"选项卡的"计算类型"列表框中，选择"最大值"；

13. 单击"确定"按钮；

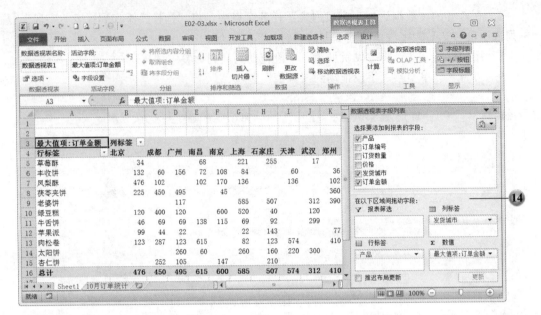

14. 完成效果如图所示。

相关技能

　　数据透视表创建完成后，如下图所示，可以在"数据透视表工具：设计"选项卡中，对其进行进一步修饰，例如更改报表的布局和样式，显示或者取消分类汇总，以及总计行和列。

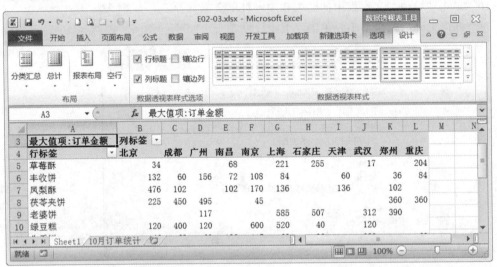

「任务 2-4」 应用切片器筛选数据

　　在工作表"销售汇总"中，插入切片器，以便数据透视表显示"发货城市"和"订单编号"。
　　素材文档：E02-04.xlsx
　　结果文档：E02-04-R.xlsx

任务解析：

　　在使用 Excel 2010 提供的数据透视表汇总分析大量数据时，经常需要交互式动态查看不同纬度的分类汇总结果，虽然可以直接在数据透视表中通过字段筛选，一步一步地达到目的，但这种操作方式不够直观，还容易出错。在 Excel 2010 中，可以选择使用切片器来筛选数据，解决上述难题。单击切片器提供的按钮就可以筛选数据透视表数据。除了快速筛选之外，切片器还会指示当前筛选状态，从而便于使用者轻松、准确地了解已筛选的数据透视表中所显示的内容。

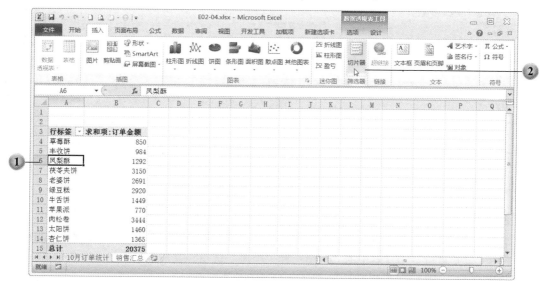

1. 选定"销售汇总"工作表中的数据透视表的任意一个单元格；
2. 单击"插入"选项卡/"切片器"按钮；

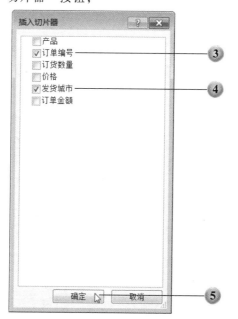

3. 在打开的"插入切片器"对话框中，选中字段"订单编号"；

4. 选中字段"发货城市"；

5. 单击"确定"按钮；

6. 完成效果如图所示。

相关技能

如果要通过切片器筛选出发货城市为"广州"和"上海"的订单金额，可以按住 Ctrl 键，同时选中"发货城市"切片器中的"广州"和"上海"选项，完成的结果如下图所示。

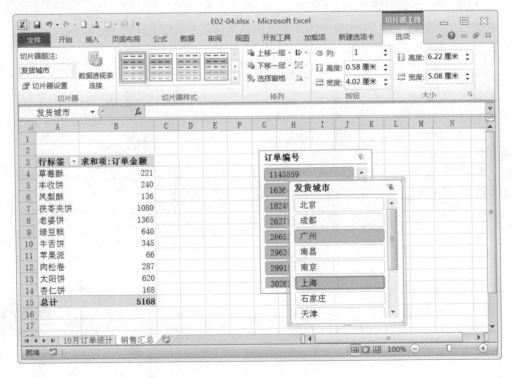

「任务 2-5」 创建数据透视图

在工作表"电子产品销售统计"中，创建数据透视图，以按照销售人员显示每个季度的电脑销售量。将区域作为报表筛选，将销售人员作为轴字段，并将数据透视图放入新工作表中。

素材文档：E02-05.xlsx

结果文档：E02-05-R.xlsx

任务解析：

为了更好地展示数据，使用者还可以同时创建数据透视表和数据透视图，数据透视图提供数据透视表（这时的数据透视表称为相关联的数据透视表）中的数据的图形表示形式。与数据透视表一样，数据透视图也是交互式的。创建数据透视图时，数据透视图筛选将显示在图表区中，以便使用者排序和筛选数据透视图中的数据。相关联的数据透视表中的任何字段布局的更改和数据的更改将立即在数据透视图中反映出来。

与一般的图表一样，数据透视图也拥有数据系列、类别、数据标记和坐标轴等元素。使用者还可以更改图表类型及其他选项，如标题、图例位置、数据标签和图表位置。

解题步骤

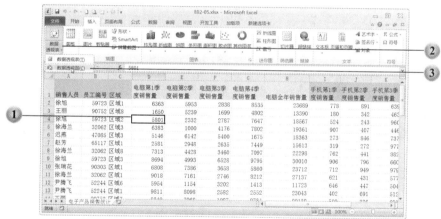

1. 选定工作表"电子产品销售统计"中的表格区域的任意一个单元格；
2. 单击"插入"选项卡/"数据透视表"下拉按钮；
3. 在下拉菜单中单击"数据透视图"；

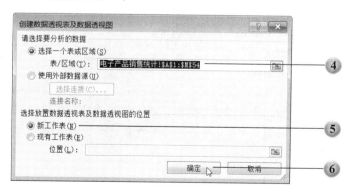

4. 在打开的"创建数据透视表及数据透视图"对话框中,确认"表/区域"文本框中所选择的单元格范围为"电子产品销售统计!$A$1:$M$54";

5. 确认数据透视图存放的位置为"新工作表";

6. 单击"确定"按钮;

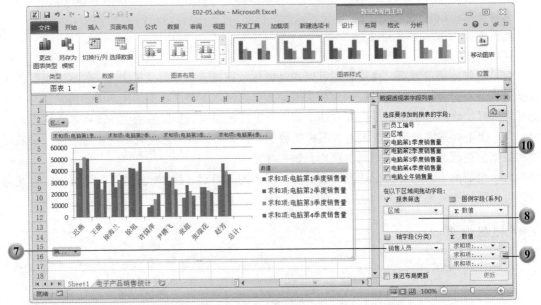

7. 在打开的"数据透视表字段列表"任务窗格中,将"选择要添加到报表的字段"复选框列表中的"销售人员"字段拖动到下方的"轴字段(分类)"区域;

8. 用同样的方法,将"区域"字段拖动到"报表筛选"区域;

9. 将"电脑第1季度销售量"、"电脑第2季度销售量"、"电脑第3季度销售量"和"电脑第4季度销售量"4个字段拖动到"数值"区域,并确认这4个字段的计算类型都是"求和"(调整数值字段计算类型的方法请参考本篇的"任务2-3");

10. 完成效果如图所示。

「任务 2-6」 应用数据透视图展示和分析数据

在"图书销售统计"工作表中,创建数据透视图,按照"图书名称"显示在仓库3的"东北"、"华北"、"华南"和"华东"类别的销售金额。将"仓库"作为报表筛选,将"图书名称"作为轴字段,并将数据透视图放入新工作表中。

素材文档:E02-06.xlsx

结果文档:E02-06-R.xlsx

任务解析:

本任务的完成方法和"任务2-5"类似,需要注意的是,在建立数据透视图之后,任务所要求显示的并不是全部的销售金额,而是仅需要查看仓库3中的情况,因此需要通过报表筛选,仅选择仓库3的数据。

解题步骤

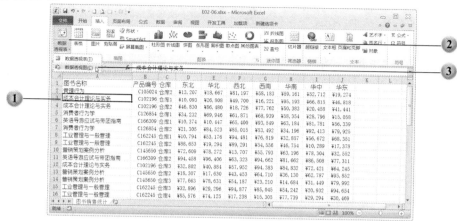

1. 选定工作表"图书销售统计"中的表格区域的任意一个单元格;
2. 单击"插入"选项卡/"数据透视表"下拉按钮;
3. 在下拉菜单中单击"数据透视图";

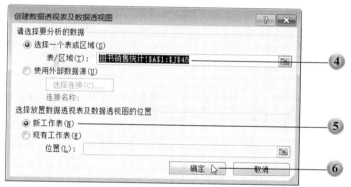

4. 在打开的"创建数据透视表及数据透视图"对话框中,确认"表/区域"文本框中所选择的单元格范围为"图书销售统计!$A$1:$J$45";
5. 确认数据透视图存放的位置为"新工作表";
6. 单击"确定"按钮;

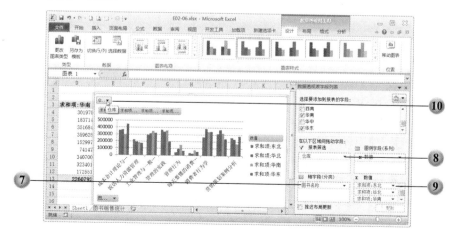

7. 在打开的"数据透视表字段列表"任务窗格中，将"选择要添加到报表的字段"复选框列表中的"图书名称"字段拖动到下方的"轴字段（分类）"区域；

8. 用同样的方法，将"仓库"字段拖动到"报表筛选"区域；

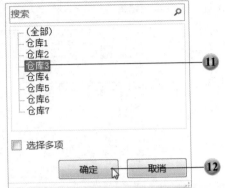

9. 将"东北"、"华北"、"华南"和"华东"4个字段拖动到"数值"区域，并确认这4个字段的计算类型都是"求和"（调整数值字段计算类型的方法请参考本篇的"任务2-3"）；

10. 单击数据透视图左上角的"报表筛选"下拉字段按钮；

11. 在下拉菜单中，选择"仓库3"；

12. 单击"确定"按钮；

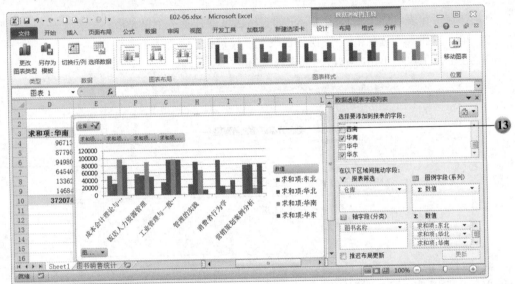

13. 完成效果如图所示。

「任务2-7」 修改图表的样式

在工作表"全年销售统计"中，将图表样式更改为"样式28"，并添加"茶色,背景2,深色10%"的形状填充。将图表保存为图表模板，名称为"柱形图新"。

素材文档：E02-07.xlsx
结果文档：E02-07-R.xlsx
任务解析：

在图表建立后，使用者可以为其选择一种适合的图表样式，图表样式包含对于图表边框、底纹、字体以及图形效果的整体设置，是快速美化图表的最佳方法。如果图表在应用了Excel 2010所内置的图表样式之后，仍然有细节需要进一步修改，还可以针对图表中的每一个元素，单独设置其格式。如果一个图表设置好各方面格式之后，这些格式在今后需要经常用到，可以将其保存为模板，以便随时调用。

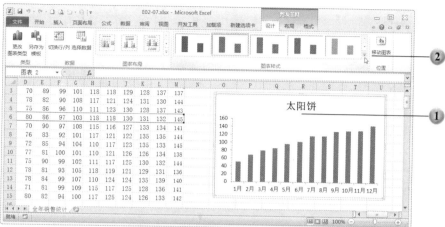

1. 选定工作表"全年销售统计"中的图表；
2. 单击"图表工具：设计"选项卡/"图表样式"列表框右侧的下拉按钮，打开图表样式库；

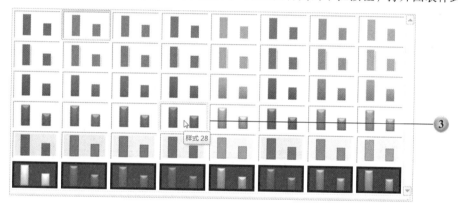

3. 在图表样式库中单击"样式 28"；

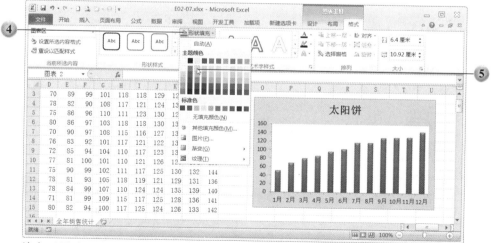

4. 单击"图表工具：格式"选项卡/"形状填充"下拉按钮；
5. 在下拉菜单中选择"茶色,背景 2,深色 10%"；

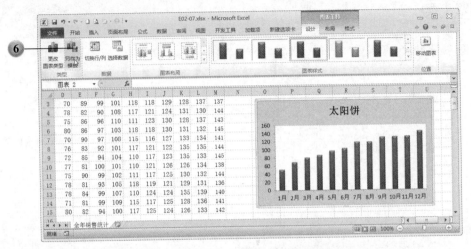

6. 单击"图表工具：设计"选项卡/"另存为模板"按钮；

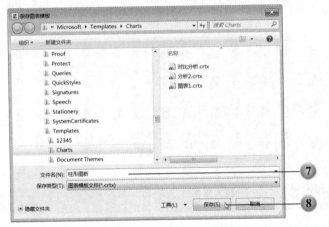

7. 在打开的"保存图表模板"对话框后中，按照默认位置，在"文件名"文本框输入"柱形图新"；

8. 单击"保存"按钮；

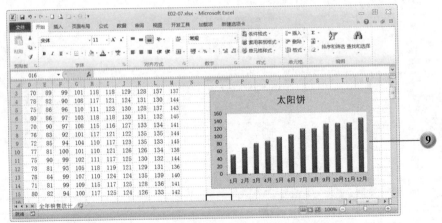

9. 完成的效果如图所示。

相关技能

将图表保存为图表模板后，如果在未来需要调用此模板样式，可以单击"插入"选项卡/"图表组"右下角的"插入图表对话框启动器"按钮，在打开的"插入图表"对话框中，单击"模板"选项卡，在其中会看到之前建立的名为"柱形图新"的图表模板，如下图所示。

「任务 2-8」 修改图表的数据源

在工作表"ABC 电脑销售统计"中，修复表格的数据源，以使柱形图包含"徐东方"一行的数据。

素材文档：E02-08.xlsx

结果文档：E02-08-R.xlsx

任务解析：

一般情况下，Excel 2010 中的图表都是根据工作表中的某一个或多个数据区域建立起来的，这些数据区域称为图表的数据源。要想修改图表中的数据，可以通过修改数据源来实现。如果数据源中的数值被改变了，那么图表中的数值也会发生相应的变化。如果要增加或者减少图表中的类别或者系列，也可以通过扩大或者缩小图表数据源选取范围的方法来完成。

解题步骤

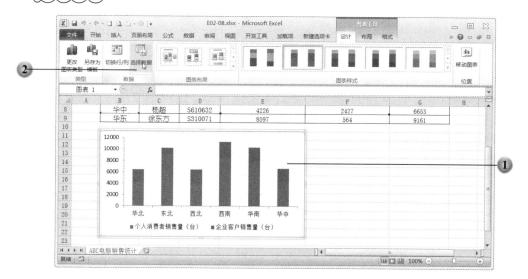

1. 选定 "ABC 电脑销售统计" 工作表中的图表；
2. 单击 "图表工具：设计" 选项卡 / "选择数据" 按钮；

3. 在打开的 "选择数据源" 对话框中，在 "图表数据区域" 文本框内，将原先的图表数据区域 "=ABC 电脑销售统计!$B$2:$B$8,ABC 电脑销售统计!$E$2:$F$8" 修改为 "=ABC 电脑销售统计!$B$2:$B$9,ABC 电脑销售统计!$E$2:$F$9"；
4. 单击 "确定" 按钮；

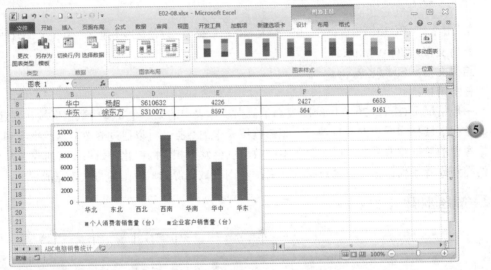

5. 完成效果如图所示。

相关技能

完成本任务的更加简便的一种方法是通过直接拖动扩大图表的数据源。在选中图表后，可以看到图表的数据源也被突出显示出来，此时将光标移动到 "水平（分类）轴" 标签的源数据区域（也就是区域列中突出显示的区域）的右下角，光标会变为 "双箭头" 的形状，向下拖动突出显示的区域，使其包含 "华东" 区域，在拖动的同时，会看到图例项中的数据区域也会一同向下扩展。拖动完成后，图表已经包含了 "徐东方" 一行的数据。操作方法请参考下图。

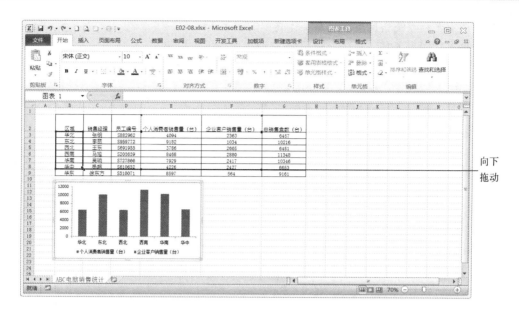

向下
拖动

「任务 2-9」 为图表添加趋势线

在工作表"图书销售历史记录"中，向"丰收饼"图表添加多项式趋势线，该趋势线使用顺序 3，并且预测趋势前推 2 个周期。

素材文档：E02-09.xlsx

结果文档：E02-09-R.xlsx

任务解析：

Excel 2010 中的图表不但可以用图形的方式来展示数据，同时还可以用来分析数据和预测未来的走势。趋势线就是这样一种工具，它以图形的方式显示数据的发展趋势，这样的分析也叫回归分析。使用回归分析，可以在图表中延伸趋势线，预测实际数据之外的未来走向。

解题步骤

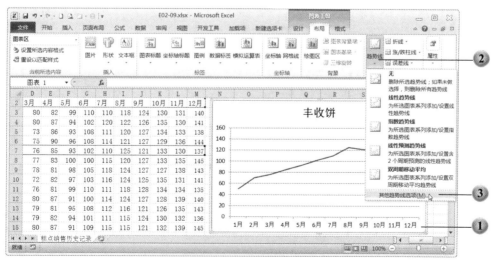

1. 选定"糕点销售历史记录"工作表中的图表；
2. 单击"图表工具：布局"选项卡/"趋势线"下拉按钮；
3. 在下拉菜单中单击 "其他趋势线选项"；

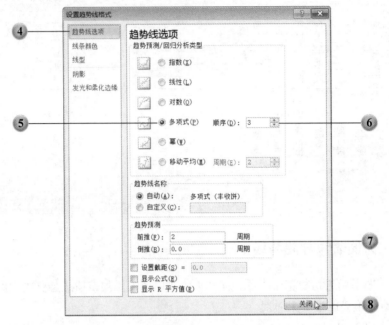

4. 在打开的"设置趋势线格式"对话框中，确认"趋势线选项"选项卡处于被选中状态（该选项卡默认被选中）；
5. 在"趋势预测/回归分析类型"组中选中"多项式"；
6. 在其后的"顺序"文本框中输入"3"（也可以通过右侧的数值调节钮来调整）；
7. 在"趋势预测"组的"前推"文本框中输入"2"；
8. 单击"关闭"按钮；

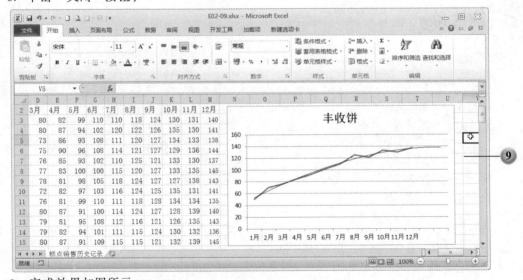

9. 完成效果如图所示。

相关技能

如果想要更加深入地了解回归分析中各个变量的相关性，以及精确地对未来的发展情况进行预测，可以在"设置趋势线格式"对话框中选中"显示公式"和"显示 R 平方值"两个复选框。这样会在图表中显示出趋势线的准确公式，将自变量带入，就可以得到未来的预测值。R 平方值表示的是趋势线中两个变量的相关关系，其数值在 0 ~ 1 之间。通常说来，如果该数值越接近于 1，说明两个变量之间的相关性越强。

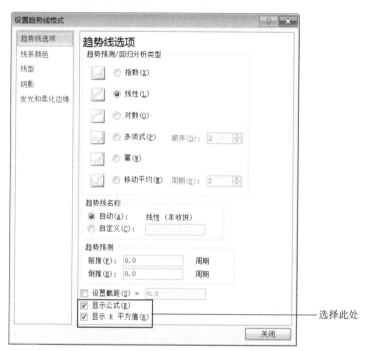

 选择此处

单元3 应用宏和控件自动化文档

「任务 3-1」 录制宏

在工作表"全年销售统计"中，创建将行高设置为"29"，并对单元格内容应用居中对齐格式的宏。将宏命名为"行格式"，并将其仅保存在当前工作簿中。（注意：接受其他的所有默认设置）

素材文档：E03-01.xlsm

结果文档：E03-01-R.xlsm

任务解析：

在使用 Excel 的过程中，经常有某项工作要多次重复，这时可以利用 Excel 的宏功能来使其自动执行，以提高效率。宏将一系列的 Excel 命令和指令组合在一起，形成一个命令，以实现任务执行的自动化。使用者可以创建并执行一个宏，以替代人工进行一系列费时而重复的操作。Excel 提供了两种创建宏的方法：录制宏和使用 VBA 语言编写宏程序。本任务所要求的即为前者。

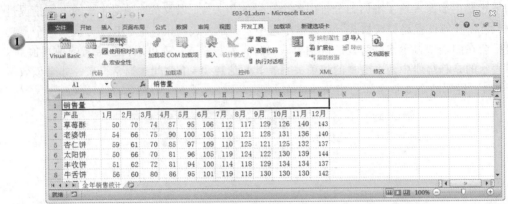

解题步骤

1. 单击"开发工具"选项卡/"录制宏"按钮；

2. 在打开的"录制新宏"对话框中，在"宏名"文本框输入"行格式"；
3. 确认保存位置为默认的"当前工作簿"；
4. 单击"确定"按钮，开始录制宏；

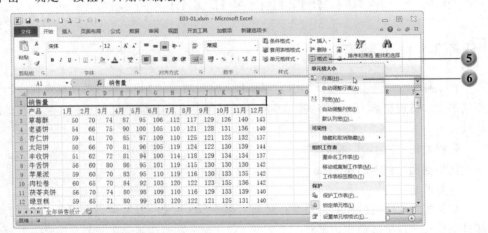

5. 单击"开始"选项卡/"格式"下拉按钮；
6. 在下拉菜单中单击"行高"；

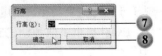

7. 在打开的"行高"对话框中，在"行高"文本框输入"29"；
8. 单击"确定"按钮；

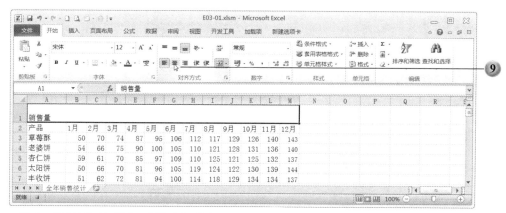

9. 单击"开始"选项卡/"居中"按钮；

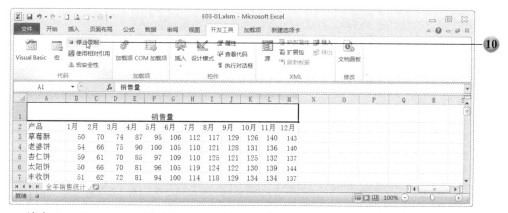

10. 单击"开发工具"选项卡/"停止录制"按钮，结束宏的录制过程；

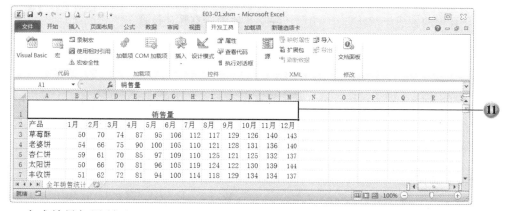

11. 完成效果如图所示。

相关技能

Excel 2010 中有关宏的功能位于"开发工具"选项卡，该选项卡在 Excel 安装完毕后，默认是不显示的。单击"文件"选项卡/"选项"按钮，可以打开"Excel 选项"对话框，在其中的"自定义功能区"选项卡中，选中"开发工具"复选框，单击"确定"按钮后，"开发工具"选项卡会就显示在 Excel 2010 的功能区。具体操作方法如下图所示。

「任务 3-2」 录制并应用宏

在工作表"ABC 电脑销售统计"中，创建对单元格应用数字格式"会计专用"和项目选取规则"值最大的 10 项"的宏。将宏命名为"前 10 名"，并将其保存在当前工作簿中。对"年度总计"列中的数值应用此宏。（注意：接受其他的所有默认设置）

素材文档：E03-02.xlsm

结果文档：E03-02-R.xlsm

应用解析：

在 Excel 录制完成一个宏之后，如本任务中的修改单元格数字格式和对单元格应用条件格式的宏，未来如果想要应用这个宏，那么首先选中要应用宏的单元格区域，然后在"宏"对话框中运行宏，就可以一次性完成以往需要多步操作才能完成的任务。

解题步骤

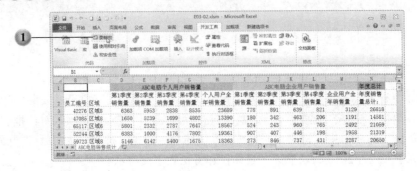

1. 单击"开发工具"选项卡/"录制宏"按钮；

2. 在打开的"录制新宏"对话框中，在"宏名"文本框输入"前10名"；
3. 确认保存位置为默认的"当前工作簿"；
4. 单击"确定"按钮；

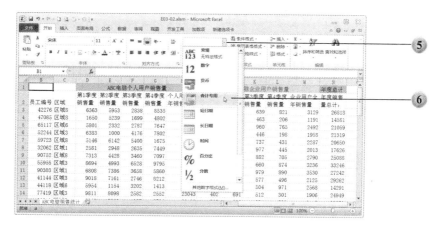

5. 单击"开始"选项卡/"数字格式"文本框右侧的下拉箭头；
6. 在下拉菜单中单击"会计专用"；

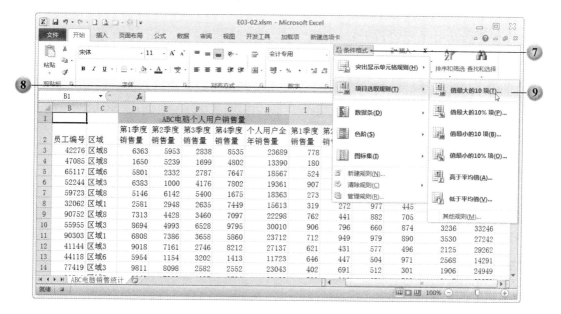

7. 单击"开始"选项卡/"条件格式"下拉按钮；

8. 在下拉菜单中单击"项目选取规则"；

9. 在扩展菜单中单击"值最大的 10 项"；

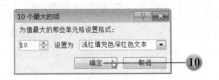

10. 在打开的"10 个最大的项"对话框中，依照默认设置不变，直接单击"确定"按钮；

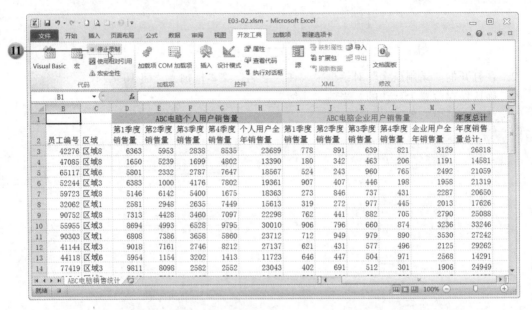

11. 单击"开发工具"选项卡/"停止录制"按钮，结束宏的录制过程；

12. 选取"年度总计"列的数据"N3:N56"；

13. 单击"开发工具"选项卡/"宏"按钮；

14. 在打开的"宏"对话框中，确认"前 10 名"宏处于选中状态，直接单击"执行"按钮；

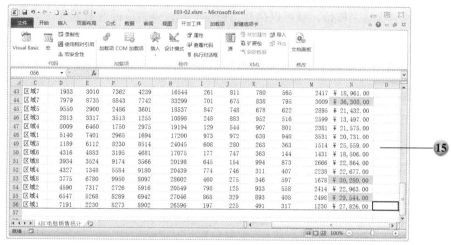

15. 完成效果如图所示。

相关技能

使用 Excel 2010 录制宏完成后，如果每次应用都通过"宏"对话框来执行，会非常麻烦，更简便的方法是在录制宏的时候，将其指定到某个快捷键，如下图所示，可以在"录制新宏"对话框中，将快捷键指定为 Ctrl+8，这样未来使用时，只需要首先选中要应用宏的单元格区域，然后按这组快捷键，就可以完成任务。宏除了可以指定到快捷键，还可以指定到某个选项卡的新建组中，具体操作方法请读者参考本书 Word 部分的"任务 5-2"。

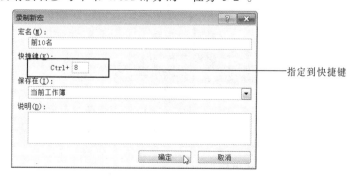

「任务 3-3」 指定宏到按钮创建交互式表格

在工作表"全年销售统计"的单元格 N2 中,插入名为"平均销量"的"按钮(窗体控件)",然后将此按钮指定给宏"平均销量"。

素材文档:E03-03.xlsm

结果文档:E03-03-R.xlsm

任务解析:

在某些情况下,对于一些交互式表格,使用者并非表格的制作者本人。此时,文档中的宏无论是指定到快捷键还是选项卡中的某个按钮,都不便于使用者的应用。在这种情况下,可以在工作表中建立按钮控件,将事先建立的宏指定给这个按钮,并为其添加名称。使用者在未来应用时,只要单击这个按钮,就可以执行文档中的宏,得到所需的结果。

解题步骤

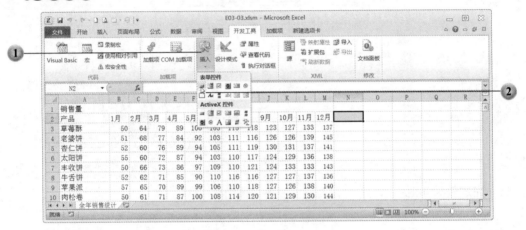

1. 单击"开发工具"选项卡/"插入"下拉按钮;

2. 在下拉菜单中单击"按钮(窗体控件)",此时光标会变成"+"形状;

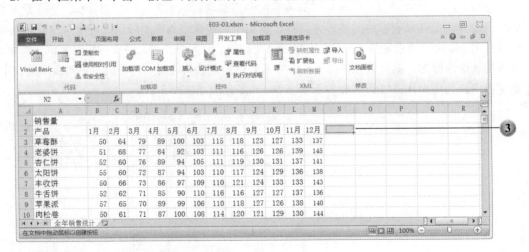

3. 在单元格 N2 中拖动出矩形形状;

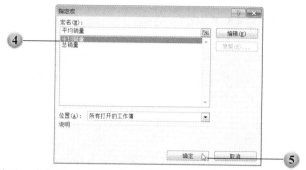

4. 放开鼠标左键后，会打开"指定宏"对话框，在"宏名"文本框中，选择"平均销量"宏；
5. 单击"确定"按钮；

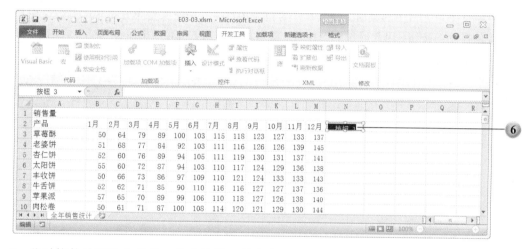

6. 此时控件处于选中状态，单击控件上的文本"按钮1"，进入文本编辑状态，并将文本选中；

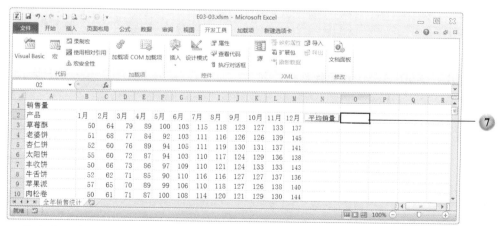

7. 将文本"按钮1"替换为文本"平均销量"，然后选定任意一其他单元格，完成效果如图所示。

「任务 3-4」 应用控件控制工作表数据

在工作表"全年销售统计"中，更改"数值调节钮（窗体控件）"，以便它可以将单元格 O15 中的数值更改为数字 1 ~ 12，步长为 1。（注意：接受其他的所有默认设置）

素材文档： E03-04.xlsm

结果文档： E03-04-R.xlsm

任务解析：

为了更好地分析和展示数据，有时需要能够动态显示工作表中的数据，这就需要将函数和控件结合起来使用。可供选择的控件主要有"组合框"、"列表框"、"复选框"、"数值调节钮"、"选项按钮"和"滚动条"等。例如，本任务中要求添加的控件为数值调节钮，通过该控件，可以控制某个单元格中的数值，使其在一定范围内改变。由于其他单元格中的函数又引用了这个被控件控制的按钮，因此通过调节控件，就可以改变函数的值，从而得到交互式的动态效果。

解题步骤

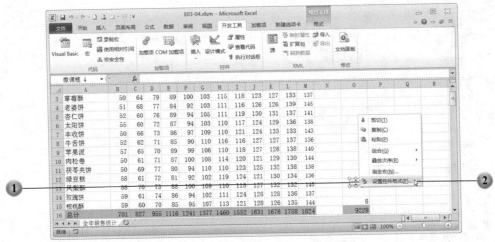

1. 在工作表"全年销售统计"中右击单元格 O13 中的控件；
2. 在快捷菜单中单击"设置控件格式"；

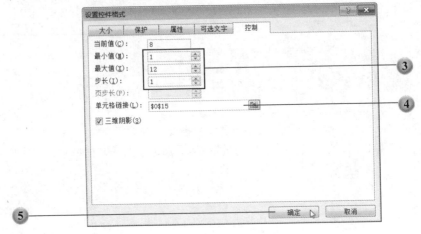

3. 打开"设置控件格式"对话框后，在"最小值"文本框中输入"1"，在"最大值"文本框中输入"12"，在"步长"文本框中输入"1"；

4. 在"单元格链接"文本框中输入"$O$15"；

5. 单击"确定"按钮，完成对于控件的设置。

单元 4   保护和共享数据

「任务 4-1」 加密工作簿

使用密码"2012"对工作簿进行加密，并将工作簿标记为最终状态。

素材文档：E04-01.xlsx

结果文档：E04-01-R.xlsx

任务解析：

某些情况下，使用者完成的 Excel 文档只希望给指定的用户使用，为了保密，可以为工作簿设置密码，以便仅仅拥有密码的用户才有权限打开工作簿。另外，当一个工作簿中的数据已经建立完成后，还可以将其标记为最终状态，在这种状态下，Excel 工作簿是只读的，也就是说其内容无法进行更改。但需要注意的是，这种最终状态只具有提示的作用，其他用户可以选择解除该状态，从而更改文档内容。

解题步骤

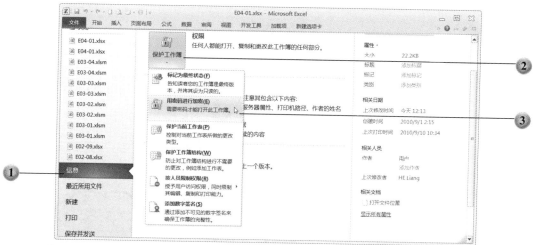

1. 单击"文件"选项卡/"信息"子选项卡；

2. 单击"保护工作簿"下拉按钮；

3. 在下拉菜单中单击"用密码进行加密"；

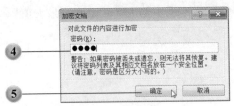

4. 在打开的"加密文档"对话框的"密码"文本框中输入密码"2012";

5. 单击"确定"按钮;

6. 在打开的"确认密码"对话框的"重新输入密码"文本框中再次输入密码"2012";

7. 单击"确定"按钮;

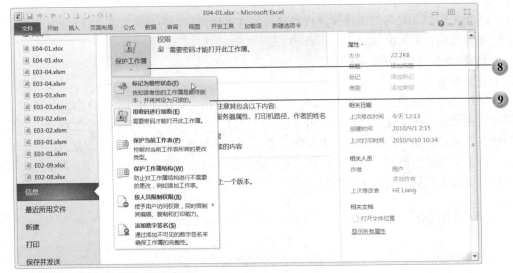

8. 单击"保护工作簿"下拉按钮;

9. 单击"标记为最终状态";

10. 在打开的提示对话框中,直接单击"确定"按钮;

11. 在接下来打开的对话框中,再次单击"确定"按钮;

单击"仍然编辑"按钮,可以解除最终状态,继续编辑文档

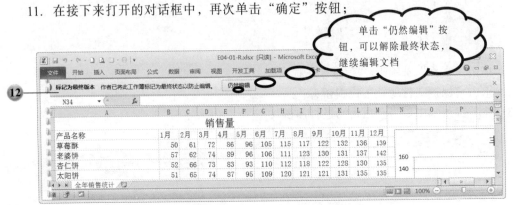

12.完成效果如图所示。

「任务 4-2」 保护工作表以限制输入

在工作表"标准体重测试"中，保护工作表，以便只能选择单元格区域 D2:D4，而所有其他单元格不可选。保护工作簿，但不使用密码。

素材文档： E04-02.xlsx

结果文档： E04-02-R.xlsx

任务解析：

在有些情况下，并不需要限制其他人阅读工作表内容，但是不希望其他用户随意更改工作表的内容。在另外一些情况下，比如调查问卷，只希望允许用户填写某些区域（如问题区域），而不希望其他区域的内容遭到更改。为了实现以上的目的，就需要使用 Excel 所提供的保护工作表的功能，通过该功能可以限制未经授权的用户的权限，使其只能编辑工作表中的部分内容，甚至完全无法编辑任何内容。保护工作表功能只能对工作簿中的某一个工作表中的数据进行保护，如果希望限制其他用户建立和删除工作簿中工作表的权限，可以进一步对工作簿加以保护。

解题步骤

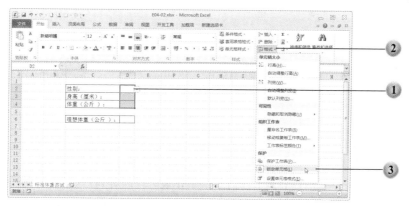

1. 在工作表"标准体重测试"中，选定单元格区域"D2:D4"；
2. 单击"开始"选项卡/"格式"按钮；
3. 在下拉菜单中，单击"锁定单元格"，该选项之前为锁定状态，通过单击操作，变为非锁定状态（注意：Excel 工作表中的单元格默认的状态是锁定状态，但只有在工作表被保护后，锁定才会生效）；

4. 单击"审阅"选项卡/"保护工作表"按钮；

5. 在打开的"保护工作表"对话框中的"允许此工作表的所有用户进行"复选框列表中，仅选中复选框"选定未锁定的单元格"；

6. 单击"确定"按钮；

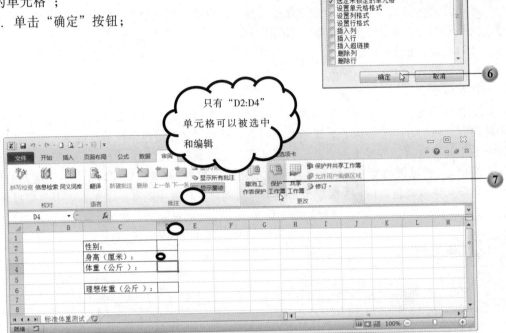

> 只有"D2:D4"
> 单元格可以被选中
> 和编辑

7. 单击"审阅"选项卡/"保护工作簿"按钮；

8. 在打开的"保护结构和窗口"对话框中，直接单击"确定"按钮。

相关技能

在工作簿被保护后，右击其中任何一个工作表，可以看到已经无法新建工作表、编辑工作表标签或者删除工作表。在有些情况下，可以把不需要显示的工作表设为隐藏，然后保护工作簿，这样没有权限的用户将无法开启这些被隐藏的工作表。

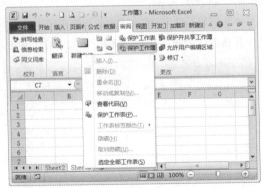

「任务4-3」 为工作簿设定属性

创建名为"产品分类"的自定义属性,该属性是"文本类型",取值为"特产"。

素材文档:E04-03.xlsx

结果文档:E04-03-R.xlsx

任务解析:

文档属性也称为元数据(元数据:用于说明其他数据的数据。例如,文档中的文字是数据,而字数便是元数据),主要用于描述或标识和文件相关的信息。文档属性中通常包含的内容有文档的主题或内容的简要描述,如标题、作者姓名、主题和关键字等。为 Excel 文档建立了属性之后,不但可以轻松地组织和标识文档,还可以基于文档属性搜索文档。

解题步骤

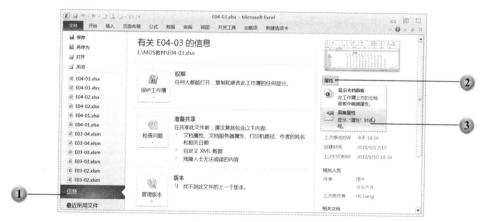

1. 单击"文件"选项卡/"信息"子选项卡;
2. 单击右侧的"属性"下拉按钮;
3. 在下拉菜单中单击"高级属性";

 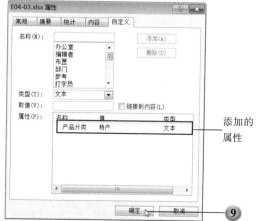

4. 在打开的"E04-03.xlsx 属性"对话框中,单击"自定义"选项卡;
5. 在"名称"文本框输入"产品分类";

6. 在"类型"下拉列表中选择"文本";

7. 在"取值"文本框输入"特产";

8. 单击"添加"按钮,此时会看到刚刚建立的属性已经被添加到了下方的属性列表中;

9. 单击"确定"按钮。

「任务 4-4」 共享工作簿

共享工作簿,并将修订记录保存 10 天。

素材文档:E04-04.xlsx

结果文档:E04-04-R.xlsx

任务解析:

在协同工作的环境下,经常需要把 Excel 工作簿放到某个网络位置上,由多人同时编辑其内容,例如,一个工作簿中包含多个部分,由不同人员负责,这些人员又需要知道彼此工作的进度,那么就可以将工作簿共享,来追踪实时工作的状态和所有的更新。建立共享工作簿的用户,就是共享工作簿的所有者,所有者可以通过控制用户对共享工作簿的访问并解决发生冲突的修订来管理此工作簿。在合并了所有修订后,可以停止工作簿的共享。

解题步骤

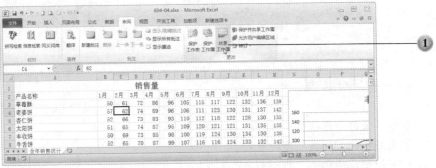

1. 单击"审阅"选项卡/"共享工作簿"按钮;

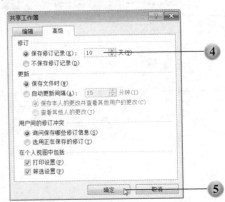

2. 在打开的"共享工作簿"对话框的"编辑"选项卡中,选中复选框"允许多用户同时编辑,同时允许工作簿合并";

3. 单击"高级"选项卡;

4. 在"保存修订记录"文本框中，输入"10"（也可以通过右侧的数值调节钮来调整）；

5. 单击"确定"按钮；

6. 在打开的提示保存对话框中，直接单击"确定"按钮；

7. 完成的效果如图所示。

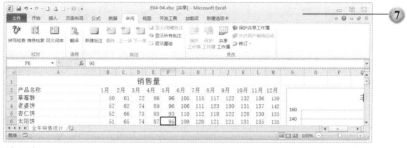

「任务 4-5」 将工作表中数据导出为 XML 文件

使用现有的 XML 映射，对工作簿中的 XML 元素进行映射。然后在"文档"文件夹中，将当前工作表导出为 XML 数据文件，文件名为"销售统计.xml"（注意：在 Windows XP 环境下，请保存到"我的文档"文件夹）。

素材文档：E04-05.xlsx

结果文档：E04-05-R.xlsx；E04-05-R.xml

任务解析：

Excel 2010 可以直接导入多种格式的文档数据，如文本文件和数据库文件中的数据等，同时也可以将 Excel 文件保存或者导出为多种文件类型，例如文本文件、PDF 文件及网页文件等。这其中一类重要的文档就是 XML 文档。XML（eXtensible Markup Language，可扩展标记语言）供使用者自定义标记来组织和呈现文档，使得数据的交换更方便和更有弹性。Excel 2010 支持将数据导出为 XML 格式的文档。在将 Excel 数据导出为 XML 格式的文档之前，首先需要建立映射元素，并和 Excel 数据表格的标题字段进行映射，然后才可以导出。

解题步骤

1. 单击"开发工具"选项卡/"源"按钮，在文档右侧会启动"XML 源"任务窗格；

2. 单击"ABC 电脑销售统计"，会连同下面的元素一起选中；

3. 拖动"ABC 电脑销售统计"到 B2 单元格，松开鼠标左键，可以看到，原先的单元格区域变为了 Excel"表格"，并且和 XML 元素建立了映射；

4. 单击"开发工具"选项卡/"导出"按钮；

5. 在打开的"导出 XML"对话框中，选择保存路径为"文档"文件夹（在 Windows XP 环境下，请保存到"我的文档"文件夹）；

6. 在"文件名"文本框中输入"销售统计"；

7. 单击"导出"按钮。

「任务 4-6」 显示共享工作簿中的修订

显示共享文档的"除我之外每个人"已做的所有修订。在新工作表上显示修订。（注意：接受其他的所有默认设置）

素材文档： E04-06.xlsx

结果文档： E04-06-R.xlsx

任务解析：

在文档被共享到网络位置，并由多位人员协同编辑之后，所有这些对文档的更改会以修订的方式呈现给文档的所有者。文档所有者可以选择，仅显示某一个时间段的对于文档修订，或者某一位或几位编辑者对于文档的修订。这些修订可以显示在原先的数据位置，也可以集中显示在一张新的工作表中。文档所有者还可以选择接受还是拒绝他人对于文档的修订。

解题步骤

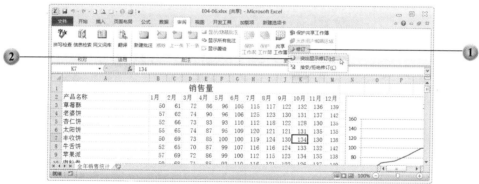

1. 单击"审阅"选项卡/"修订"下拉按钮；

2. 在下拉菜单中单击"突出显示修订"；

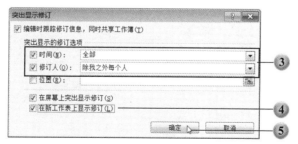

3. 在打开的"突出显示修订"对话框中，选中"时间"复选框，并单击后面文本框右侧的下拉箭头，在列表中选择"全部"，接着继续选中"修订人"复选框，并单击后面文本框右侧的下拉箭头，在下拉列表中选择"除我之外每个人"；

4. 选中复选框"在新工作表上显示修订";
5. 单击"确定"按钮;

6. 完成效果如图所示。

相关技能

对于其他的协同工作人员对工作簿做出的更改,工作簿的所有者可以选择接受或者拒绝,单击"审阅"选项卡/"修订"下拉按钮,在菜单中单击"接受/拒绝修订",会打开"接受或拒绝修订"对话框,如下图所示,单击"确定"按钮,则可以对所有修订逐个选择是否接受,也可以选择全部接受或者拒绝。

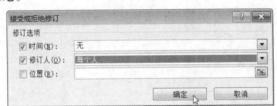

第4篇

PowerPoint 2010 专业级应用

单元 1　建立和修改演示文稿

「任务 1-1」 设置幻灯片的显示比例

在普通视图中，以 65% 的大小比例浏览幻灯片。

素材文档：P01-01.pptx

结果文档：P01-01-R.pptx

任务解析：

普通视图是 PowerPoint 2010 文档开启后的默认视图模式，由左侧的幻灯片窗格和右侧的幻灯片编辑窗格及右侧下方的备注页窗格组成。使用者可以通过调整幻灯片编辑窗格中幻灯片的显示比例来缩放幻灯片。

解题步骤

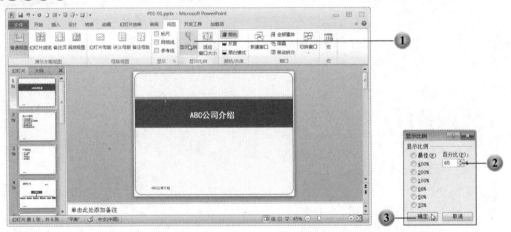

1. 单击"视图"选项卡/"显示比例"按钮；

2. 在打开的"显示比例"对话框的"百分比"文本框中输入"65"(也可以通过数值调节钮来调整)；

3. 单击"确定"按钮；

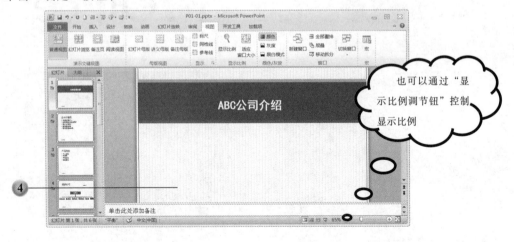

也可以通过"显示比例调节钮"控制显示比例

4. 完成效果如图所示。

「任务 1-2」 应用不同视图模式查看演示文稿

在幻灯片浏览视图中，以 40%的大小比例显示所有幻灯片。

素材文档：P01-02.pptx
结果文档：P01-02-R.pptx
任务解析：

除了普通视图之外，使用者还可以在 PowerPoint 2010 中以"幻灯片浏览视图"、"备注页视图"和"阅读视图"查看演示文稿。在幻灯片浏览视图中，可以查看演示文稿中的多张甚至全部幻灯片的概览，这在调整幻灯片的顺序时非常有用。为了在幻灯片浏览视图中能一次查看更多张幻灯片，可以通过缩小显示比例来达到此目的。

解题步骤

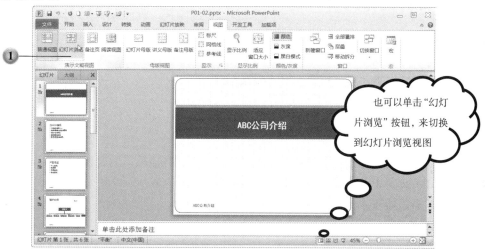

1. 单击"视图"选项卡/"幻灯片浏览"按钮，切换到幻灯片浏览模式；

2. 单击"视图"选项卡/"显示比例"按钮；

3. 在打开的"显示比例"对话框的"百分比"文本框中输入"40"（也可以通过旁边的数值调节钮来调整）；

4. 单击"确定"按钮；

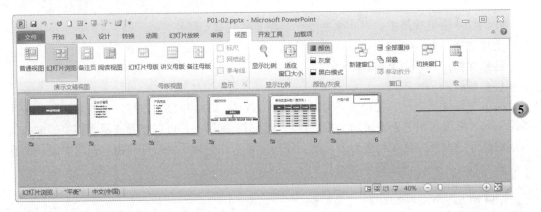

5. 完成效果如图所示。

「任务 1-3」 设置幻灯片的显示颜色

设置视图选项，用"黑白模式"查看演示文稿。

素材文档：P01-03.pptx

结果文档：P01-03-R.pptx

任务解析：

演示文稿在计算机屏幕上通常都是彩色显示的，但在打印输出的时候，往往并不需要打印色彩，PowerPoint 2010 提供了"灰度"和"黑白模式"来查看演示文稿，从而允许使用者在打印之前预先了解打印效果。

解题步骤

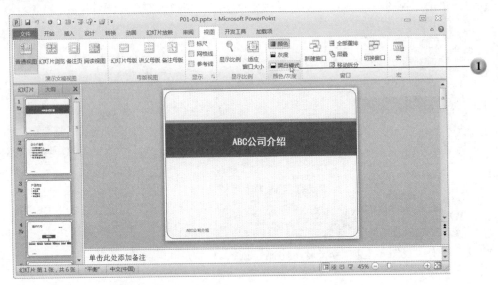

1. 单击"视图"选项卡/"黑白模式"按钮；

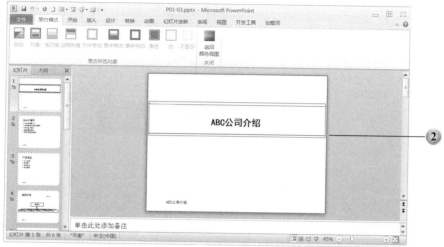

2. 完成效果如图所示。

「任务1-4」同时查看某个演示文稿中的不同部分

在新建窗口中，显示当前演示文稿，并将窗口全部重排。

素材文档：P01-04.pptx

结果文档：P01-04-R.pptx

任务分析：

对于包含大量幻灯片的演示文稿，有时需要在计算机屏幕上同时查看和编辑演示文稿中的不同幻灯片，通过"新建窗口"功能，可以在屏幕上显示出一个当前演示文稿的"副本"（请注意："副本"仅仅是和原始文档同时显示在了屏幕上，它们仍然是同一个文档），然后可以通过重新排列，使两个窗口并列显示，从而实现查看同一演示文稿不同位置的目的。

解题步骤

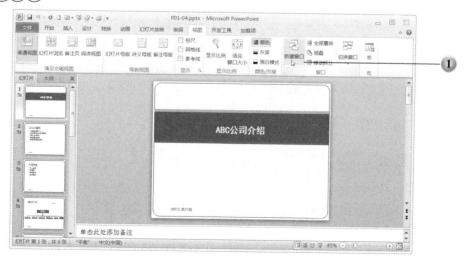

1. 单击"视图"选项卡/"新建窗口"按钮；

2. 在新建的窗口"P01-04.pptx：2"中，单击"视图"选项卡/"全部重排"按钮；

3. 完成效果如图所示。

「任务 1-5」 修改幻灯片的尺寸

将演示文稿中幻灯片的大小都设置为：

——宽：12 厘米；

——高：20 厘米。

素材文档：P01-05.pptx

结果文档：P01-05-R.pptx

任务解析：

新建立的演示文稿中的幻灯片会按照默认的宽度和高度显示，根据演示的需要，使用者可以自由地调整幻灯片的大小及幻灯片的显示方向。

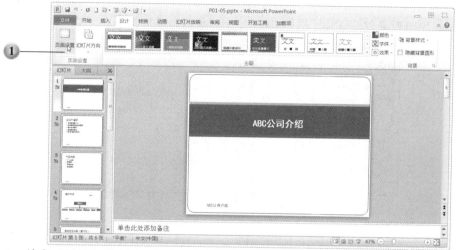

1. 单击"设计"选项卡/"页面设置"按钮;

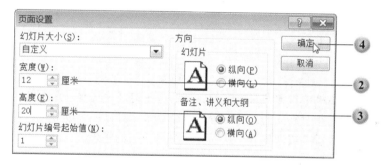

2. 在打开的"页面设置"对话框的"宽度"文本框中输入"12";
3. 在"高度"文本框中输入"20"
4. 单击"确定"按钮;

5. 完成效果如图所示。

相关技能

PowerPoint 2010 默认的幻灯片比例是"4:3"，应当前的宽屏幕的趋势，在"页面设置"对话框中，使用者也可以将幻灯片的比例调整为"16:9"，如下图所示。

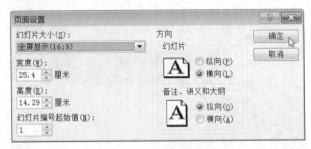

「任务 1-6」 管理演示文稿中的节及删除幻灯片

在"幻灯片浏览视图"中将演示文稿中的 4 张版式为节标题的幻灯片删除，并删除第 4 节。然后切换回普通视图。

素材文档：P01-06.pptx

结果文档：P01-06-R.pptx

任务解析：

如果某个演示文稿中包含多张幻灯片，并且这些幻灯片具有一定的结构，那么可以将演示文稿的每一个内容上相对独立的部分划分为一个小节，对每一个小节可以进行命名，并且可以将其中包含的幻灯片折叠或者展开，从而方便演示文稿的管理。

解题步骤

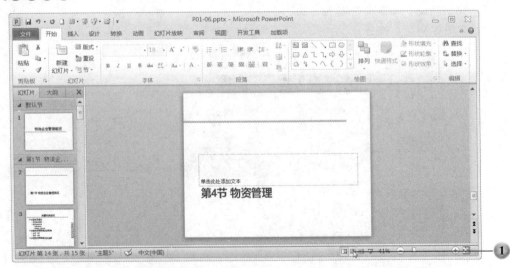

1. 单击"状态栏"右侧的"幻灯片浏览"按钮，切换到幻灯片浏览视图模式；

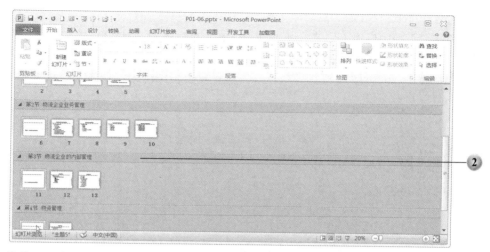

2. 按住 Ctrl 键不放，同时选中 4 张"节标题"幻灯片；

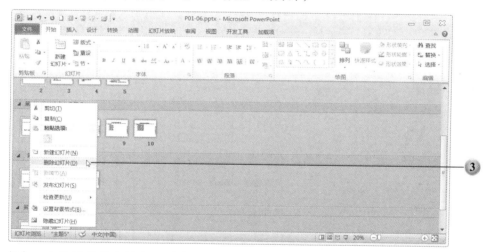

3. 右击，在快捷菜单中单击"删除幻灯片"；

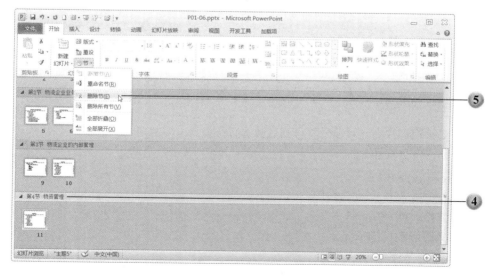

4. 选定第 4 节；

5. 单击"开始"选项卡/"节"下拉按钮，在菜单中单击"删除节"；

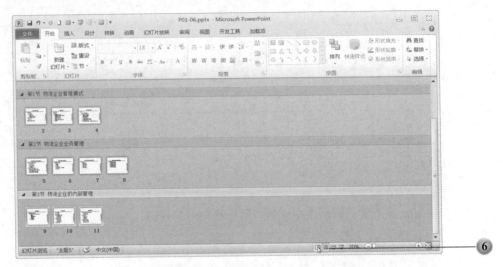

6. 单击"状态栏"右侧的"普通视图"按钮，切换回普通视图模式；

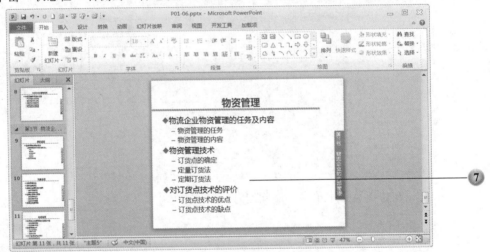

7. 完成效果如图所示。

「任务 1-7」 设置文本框中文本的段落格式

在第 2 张幻灯片上，对项目符号列表执行以下操作：

——取消项目符号；

——文本左对齐；

——行距调整为"1.5 倍行距"。

素材文档：P01-07.pptx

结果文档：P01-07-R.pptx

任务解析：

使用者对于幻灯片中的文本框的文本格式可以进行一系列的设置，比如添加或者取消项目符号列表，更改项目符号，调整文本在文本框内的对齐位置。除此之外，还可以对文本框内的文本的行间距和段落间距做出调整。

 解题步骤

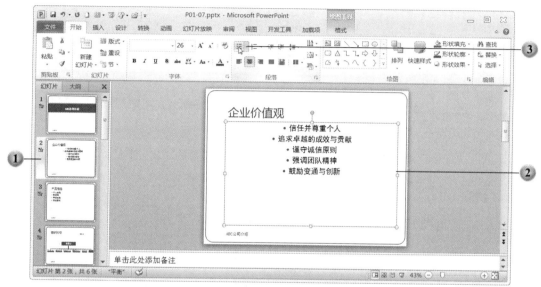

1. 选定第 2 张幻灯片；
2. 在第 2 张幻灯片上选定项目符号列表所在的文本框；
3. 单击"开始"选项卡/"项目符号"按钮，取消项目符号；

4. 单击"开始"选项卡/"文本左对齐"按钮；

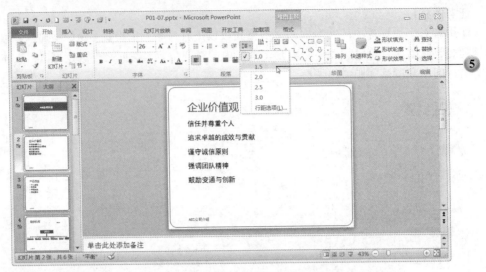

5. 单击"开始"选项卡/"行距"下拉按钮，在下拉菜单中单击"1.5"；

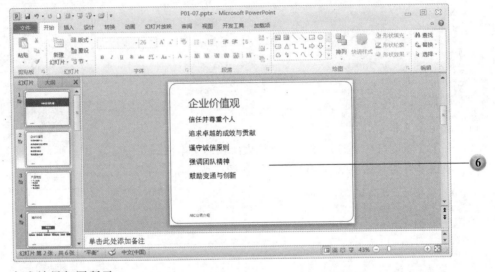

6. 完成效果如图所示。

相关技能

单击"开始"选项卡/"段落"组右下角的"段落对话框启动器"可以打开"段落"对话框，如下图所示，在其中可以对文本框中的文本的缩进和间距做出更多的调整。

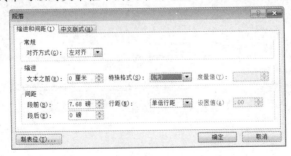

「任务 1-8」 对文本框中的文本进行分栏设置

在第 5 张幻灯片上，将标题下方的文本框中的文字的分栏取消。

素材文档：P01-08.pptx

结果文档：P01-08-R.pptx

任务解析：

如果幻灯片文本框中的项目符号列表条目过多，可以将这些项目符号分栏显示，并且可以进一步设置栏数及栏和栏的间距。

解题步骤

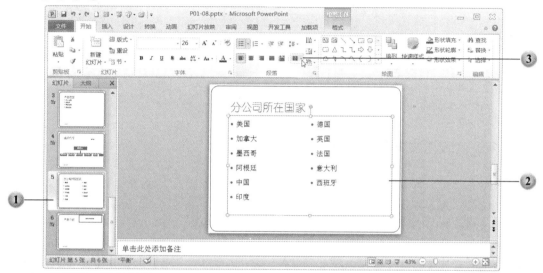

1. 选定第 5 张幻灯片；
2. 选定标题下方的文本框；
3. 单击"开始"选项卡 / "分栏"下拉按钮；

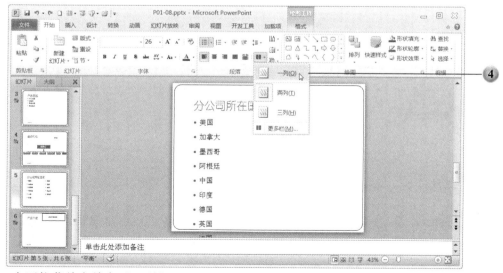

4. 在下拉菜单中单击"一列"；

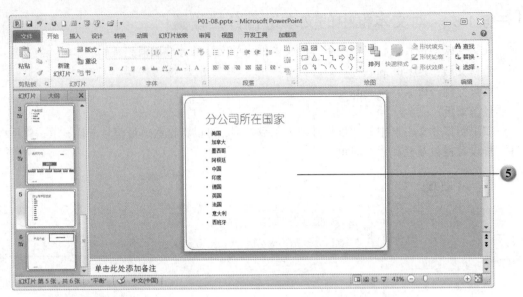

5. 完成效果如图所示。

「任务 1-9」 设置文本框的文字版式

在幻灯片 2 上，将带项目符号的列表与文本框顶端对齐。

素材文档：P01-09.pptx

结果文档：P01-09-R.pptx

任务解析：

除了可以设置文本在文本框中的水平对齐方式，还可以对其垂直对齐方式做出设定，和水平对齐方式同时使用，可以从垂直和水平两个维度调整文本在文本框中的位置。

解题步骤

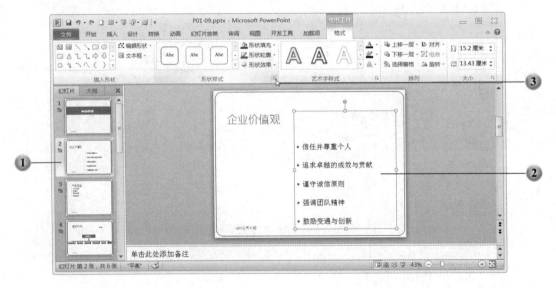

1. 选定第 2 张幻灯片；
2. 在第 2 张幻灯片上选定项目符号列表所在的文本框；
3. 单击"绘图工具：格式"选项卡/"设置形状格式对话框启动器"按钮；

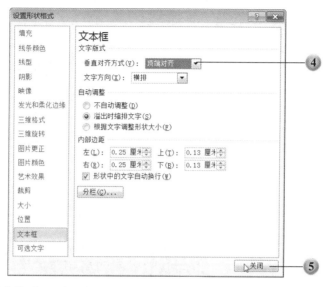

4. 打开"设置形状格式"对话框，在"文本框"选项卡中，单击"垂直对齐方式"文本框右侧的下拉箭头，在下拉列表框中选择"顶端对齐"；
5. 单击"关闭"按钮；

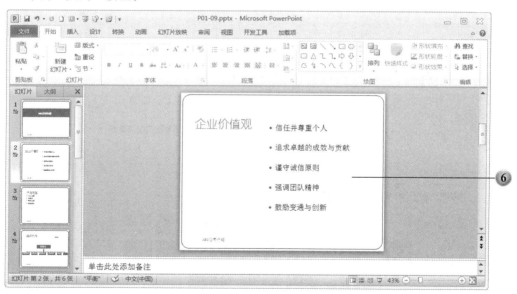

6. 完成效果如图所示。

「任务 1-10」 为演示文稿添加主题

将演示文稿的主题更改为"聚合"，然后将主题颜色更改为"华丽"，主题字体更改为"暗香扑面"。

　　素材文档：P01-10.pptx

　　结果文档：P01-10-R.pptx

　　任务解析：

　　为演示文稿设定主题，是对新建立的演示文稿迅速美化的有效方法。PowerPoint 2010 内置了多种主题效果，每一种主题效果都会按照一定的风格对演示文稿做出整体设计，如果使用者希望更加细微地调整演示文稿的显示效果，可以在一个主题之下，单独设置其字体、颜色和效果。

解题步骤

　　1. 单击"设计"选项卡/"主题"组列表框的"其他"下拉按钮；

　　2. 在主题库中单击"聚合"样式；

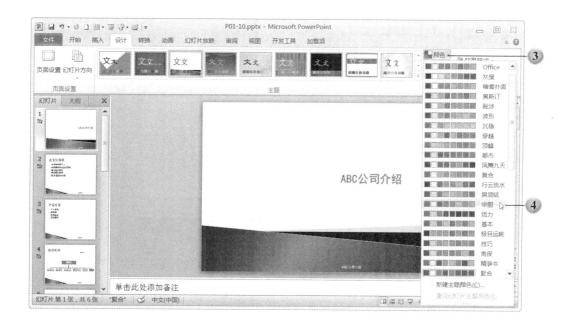

3. 单击"设计"选项卡/"颜色"下拉按钮；
4. 在下拉菜单中单击"华丽"主题颜色；

5. 单击"设计"选项卡/"字体"下拉按钮；
6. 在下拉菜单中单击"暗香扑面"主题字体；

7. 完成效果如图所示。

「任务 1-11」 为演示文稿添加页脚

使用文本"ABC公司介绍",为除了标题幻灯片之外的所有幻灯片添加页脚。

素材文档: P01-11.pptx

结果文档: P01-11-R.pptx

任务解析:

为了统一幻灯片的风格及对读者作出提示,在演示文稿制作完成后,可以为其添加"日期和时间"、"页脚"和"幻灯片编号",这些元素默认显示在幻灯片底部。

解题步骤

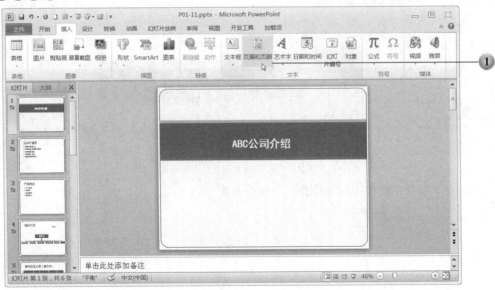

1. 单击"插入"选项卡/"页眉和页脚"按钮；

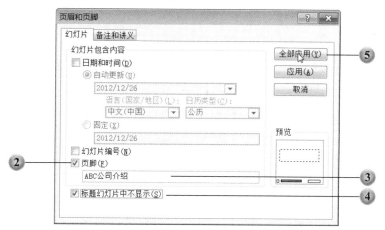

2. 此时会打开"页眉和页脚"对话框，在"幻灯片"选项卡中，选中"页脚"复选框；
3. 在"页脚"下面的文本框中，输入"ABC 公司介绍"；
4. 选中"标题幻灯片中不显示"复选框；
5. 单击"全部应用"按钮；

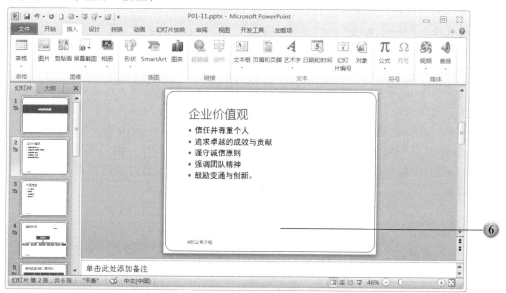

6. 完成效果如图所示。

相关技能

幻灯片的编号和页脚默认位置在幻灯片的底部，但其位置是可以灵活进行调整的，具体方法为单击"视图"选项卡/"幻灯片母版"按钮，在进入幻灯片母版视图后，如下图所示，在主母版上选定要移动位置的元素，例如页脚，将其拖动到适当的位置，然后关闭母版视图，则未来页脚插入点位置就是之前在主母版所设定的页脚的位置。

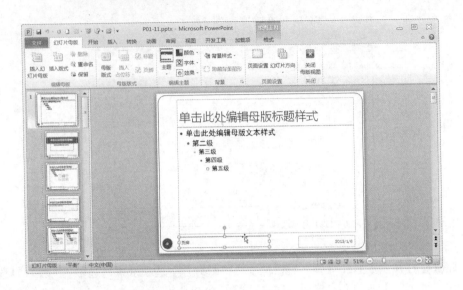

「任务 1-12」 设置 PowerPoint 选项

请进行如下设置：在输入内容时，PowerPoint 不进行拼写检查。

素材文档：P01-12.pptx

结果文档：P01-12-R.pptx

任务解析：

在 PowerPoint 2010 安装完毕，第一次使用的时候，已经设定了默认的用户界面和保存模式等选项，通常来说，使用者不需要对其进行调整，如果出于特殊需要，要调整这些设置，那么需要在 PowerPoint 选项中完成。例如本任务，在 PowerPoint 2010 中，默认设置为对文本进行拼写检查，但如果演示文稿中包含其他特殊文字或者字符，则虽然不是错误，但由于 PowerPoint 2010 无法识别，都会被作为错误标记出来。为了幻灯片版面的美观和整齐，可以取消拼写检查。

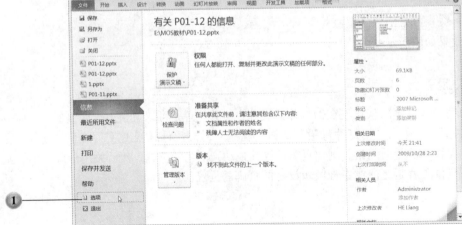

1. 单击"文件"选项卡/"选项"按钮；

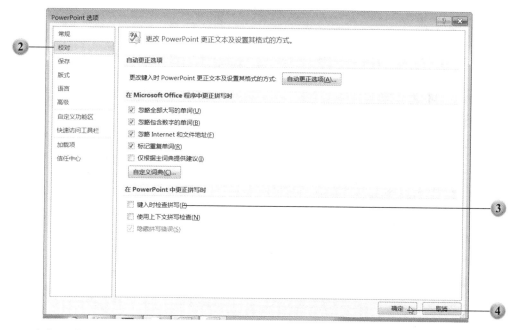

2. 在打开的"PowerPoint 选项"对话框中，单击"校对"选项卡；
3. 在"在 PowerPoint 中更正拼写时"组中，取消"键入时检查拼写"复选框的选中；
4. 单击"确定"按钮。

➡ 单元2　在演示文稿中应用图形

「任务2-1」 在幻灯片中插入图形

在第 2 张幻灯片上，插入位于"文档"文件夹中的名为"P02-01.png"的图片，并使其位于文本后面（注意：请在练习前，先将光盘资料夹中的文件"P02-01.png"复制到 Windows 7 的"文档"文件夹下，如果使用的是 Windows XP 系统，请复制该文件到"我的文档"文件夹中）。

素材文档：P02-01.pptx；P02-01.png
结果文档：P02-01-R.pptx
任务解析：

图形是演示文稿中最重要的组成部分之一，在 PowerPoint 2010 中，可以插入图片、剪贴画及屏幕截图等不同类型的图形元素。在插入图形后，只要其处于被选定状态，则在功能区就会显示相应的"图片工具：格式"选项卡，在其中可以设置图形的样式、大小、位置及叠放层次等。所谓叠放层次，指的是幻灯片中的多个元素重叠在一起时相互之间的遮挡关系。

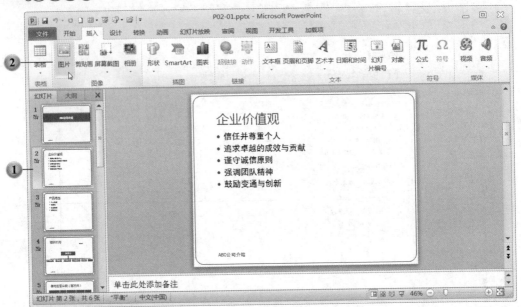

1. 选定第 2 张幻灯片；
2. 单击"插入"选项卡/"图片"按钮；

　　3. 在打开的"插入图片"对话框中，打开"文档"文件夹（如果使用的是 Windows XP 系统能够，请打开"我的文档"文件夹）；

　　4. 选定文档"P02-01.png"；

　　5. 单击"插入"按钮，图片会插入到第 2 张幻灯片，并处于被选中状态；

6. 单击"图片工具：格式"选项卡/"下移一层"按钮右侧的下拉箭头；
7. 在下拉菜单中单击"置于底层"；

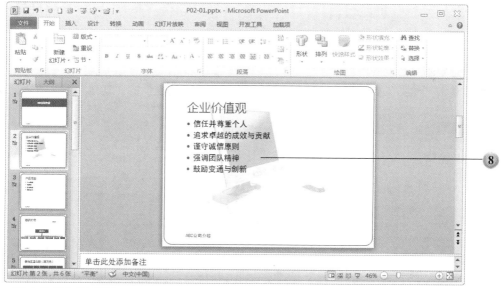

8. 完成效果如图所示。

「任务 2-2」 设置图形的样式

在第 2 张幻灯片上，对图片应用"圆形对角，白色"的图片样式。

素材文档：P02-02.pptx
结果文档：P02-02-R.pptx

任务解析：

对于插入幻灯片中的图片，可以通过为其设置样式，从整体上对其外观做出美化。PowerPoint 2010内置了丰富的图片样式，如果还需要对图片做更细微的设置，也可以单独调整图片的边框和效果，比如设置图片的阴影和映像等。

解题步骤

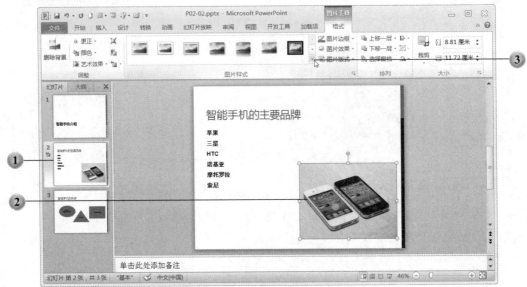

1. 选定第2张幻灯片；
2. 选定幻灯片上的图形；
3. 单击"绘图工具：格式"选项卡/"图片样式"组列表框的"其他"下拉按钮；

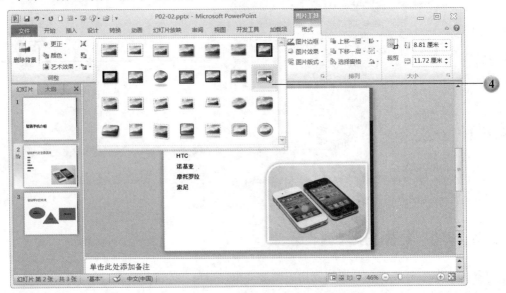

4. 在图片样式库中单击"圆形对角,白色"样式；

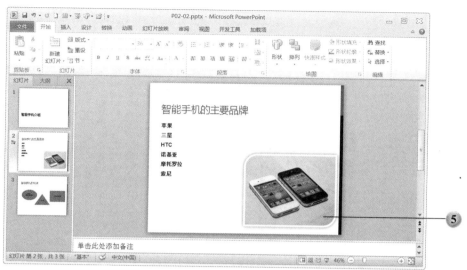

5. 完成效果如图所示。

「任务 2-3」 为文本框设置形状样式

在幻灯片 6 上，对标题右侧的文本框应用"强烈效果–紫色,强调颜色 3"的形状样式。

素材文档：P02-03.pptx

结果文档：P02-03-R.pptx

任务解析：

对于插入幻灯片中的形状，如文本框，与设置图片样式类似，也可以通过为其设置形状样式，从整体上对其外观做出美化。PowerPoint 2010 内置了多种形状样式供使用者选择，如果还需要对形状做更细微的设置，也可以单独调整形状的边框、填充颜色和纹理及其他各种效果，如阴影和映像等。

解题步骤

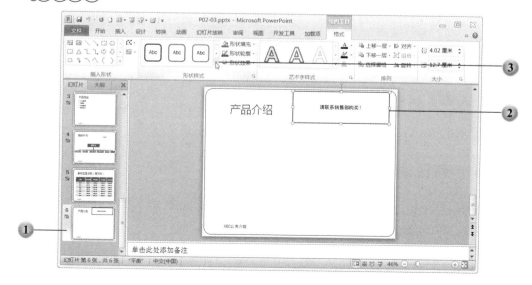

1. 选定第 6 张幻灯片；
2. 选定幻灯片上的图形；
3. 单击"绘图工具：格式"选项卡／"形状样式"组列表框的"其他"下拉按钮；

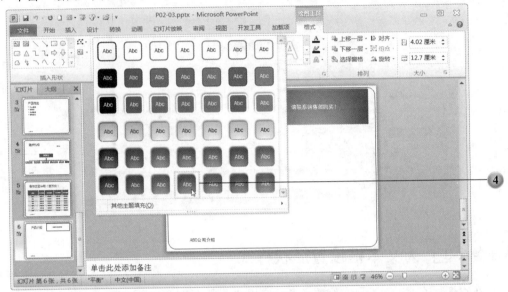

4. 在形状样式库中单击"强烈效果–紫色,强调颜色 3"样式；

5. 完成效果如图所示。

「任务 2-4」修改图片的显示效果

在第 2 张幻灯片上，重新设置图片，并将其锐化调整为 80%。
素材文档：P02-04.pptx
结果文档：P02-04-R.pptx

任务解析：

PowerPoint 2010 虽然不是专业的图形处理软件，但也提供了相当强大的图片处理的能力，在其中可以调整图片的亮度和对比度，可以对图片进行锐化和柔化，还可以调整图片的色调和饱和度等，甚至可以为图片添加多种艺术效果。如果之前已经对一张图片进行了以上种种设置，那么可以通过重设该图片，使其恢复初始状态。

解题步骤

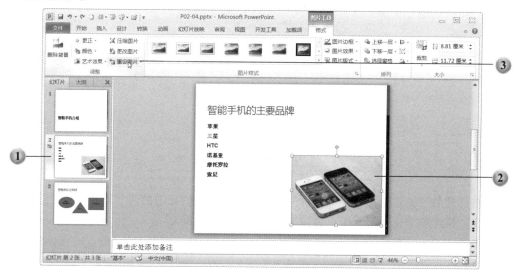

1. 选定第 2 张幻灯片；
2. 选定幻灯片上的图形；
3. 单击"绘图工具：格式"选项卡 / "重设图片"按钮，放弃之前对图片格式所做的修改；

4. 单击"绘图工具：格式"选项卡 / "更正"下拉按钮；
5. 在下拉菜单中单击底部的"图片更正选项"；

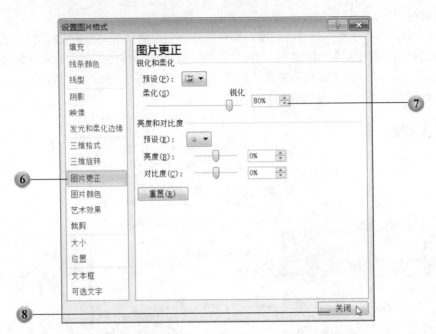

6. 在打开的"设置图片格式"对话框中，确认处于选中状态的为"图片更正"选项卡；
7. 在"锐化和柔化"调节钮右侧的文本框中，输入"80%"；
8. 单击"关闭"按钮；

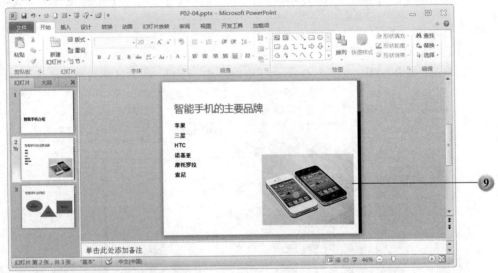

9. 完成效果如图所示。

「任务 2-5」 创建相册

　　创建一个相册，以显示"风光"文件夹中的所有图片，将图片版式设置为"2 张图片（带标题）"，并将标题置于图片下方。（注意：接受所有其他的默认设置）
　　素材文档：P02-05.pptx；"风光"文件夹

结果文档：P02-05-R.pptx

任务解析：

如果要在演示文稿中插入大量图片，那么相册工具可以帮助使用者快速完成这项任务。例如，在某次出游之后，可以通过 PowerPoint 将所拍摄的照片制作为一个相册。使用 PowerPoint 2010 的相册功能，不但可以一次性在演示文稿中汇入多张图片，还可以同时将这些图片按照一定的规则进行编排。

解题步骤

1. 单击"插入"选项卡/"相册"下拉按钮；
2. 在下拉菜单中单击"新建相册"；

3. 在打开的"相册"对话框中，单击"文件/磁盘"按钮；
4. 在打开的"插入新图片"对话框中，打开"风光"文件夹；
5. 选中文件夹中的所有图片；
6. 单击"插入"按钮；

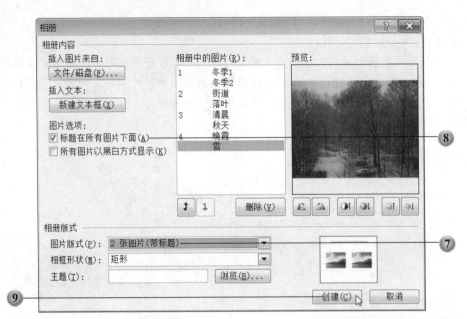

7. 单击"图片版式"文本框右侧的下拉箭头，在列表中选择"2 张图片（带标题）"；

8. 选中"标题在所有图片下面"复选框；

9. 单击"创建"按钮；

10. 完成效果如图所示。

「任务 2-6」 修改相册

根据以下标准，编辑相册：
——全色显示所有图片；

——将相册中的第 8 张图片显示在第 2 张图片下方；

——每张幻灯片显示两张图片；

——对图片应用"柔化边缘矩形"相框。

素材文档：P02-06.pptx

结果文档：P02-06-R.pptx

任务解析：

对于已经建立的相册，还可以从多方面对其进行编辑，例如可以将相册中图片的颜色设置为彩色或者黑白，还可以调整相册中图片的顺序，甚至可以为图片设置带有艺术色彩的各种相框。

解题步骤

1. 单击"插入"选项卡/"相册"下拉按钮；

2. 在下拉菜单中单击"编辑相册"；

3. 在打开的"编辑相册"对话框中，选中"相册中的图片"列表里的第 8 张图片"雪"；

4. 反复单击"相册中的图片"列表下方的向上箭头按钮，直到名为"雪"的图片移动到第 2 张图片"冬季 2"的下方；

5. 取消选中"所有图片以黑白方式显示"复选框；

6. 单击"图片版式"文本框右侧下拉箭头，在列表中单击"2 张图片"；

7. 单击"相框形状"文本框右侧下拉箭头，在列表中单击"柔化边缘矩形"；

8. 单击"更新"按钮；

9. 完成效果如图所示。

单元3　在演示文稿中使用表格和图表

「任务 3-1」建立表格

在第 5 张幻灯片中，插入一个 5 列 8 行的表格，第 1～5 列的标题字段分别为：
——地区；
——2008 年；
——2009 年；
——2010 年；
——2011 年。
素材文档： P03-01.pptx
结果文档： P03-01-R.pptx
任务解析：

在演示文稿中，涉及数据的展示时，表格是常用的手段之一。要在幻灯片中插入表格，一种方法是通过单击"插入"选项卡/"表格"下拉按钮来完成，更简便的方法是直接单击占位符中的"插入表格"按钮。除了直接插入之外，PowerPoint 2010 还允许使用者直接将 Word 或者 Excel 文档中的表格粘贴到演示文稿当中。

解题步骤

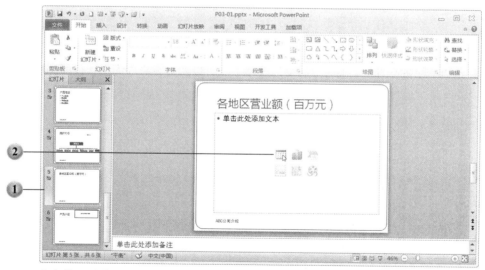

1. 选定第 5 张幻灯片；
2. 单击标题下的占位符中的"插入表格"按钮；

3. 在打开的"插入表格"对话框中，在"列数"文本框里输入"5"，在"行数"文本框里输入"8"；

4. 单击"确定"按钮，建立表格；

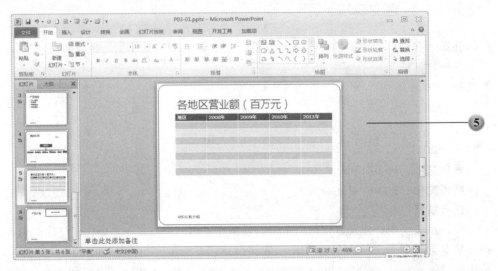

5. 在插入的表格的第 1～5 列的标题行分别输入文本"地区"、"2008 年"、"2009 年"、"2010年"和"2011 年"，完成效果如图所示。

相关技能

在插入表格后，只要表格处于被选中的状态，如下图所示，在功能区就会显示"表格工具：设计"选项卡和"表格工具：布局"选项卡。通过"设计"选项卡可以为表格添加样式乃至对表格的每一条边框线进行设计。通过"布局"选项卡，可以调整表格的大小、行的高度和列的宽度，以及添加或者删除行和列。

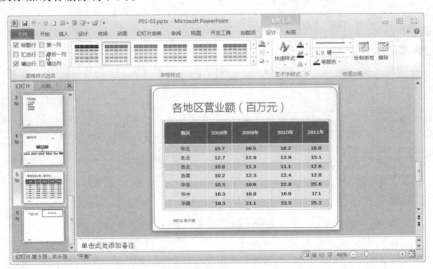

「任务 3-2」 更改图表的类型

将演示文稿中第 5 张幻灯片中的图表类型修改为簇状条形图。

素材文档：P03-02.pptx

结果文档：P03-02-R.pptx

任务解析：

除了表格之外，更形象地在演示文稿中展示数据的一种方法是使用图表。通过单击"插入"选项卡/"图表"按钮，或者在占位符中直接单击"插入图表"按钮，都可以建立图表。插入的图表只要处于被选定状态，在功能区就会显示 3 个相应的"图表工具"选项卡，在其中可以对图表进行各方面的设置。如果发现插入的图表类型不能很好地展示数据，还可以轻松地将图表从一种类型转换为其他类型。

解题步骤

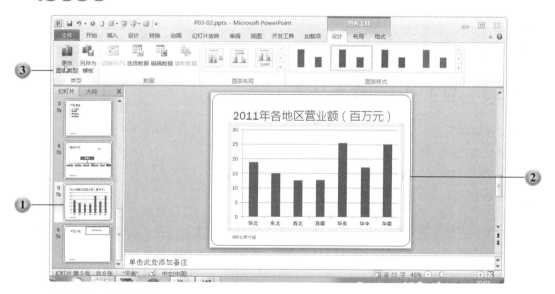

1. 选定第 5 张幻灯片；
2. 选定幻灯片上的图表；
3. 单击"图表工具：设计"选项卡/"更改图表类型"按钮；

4. 在打开的"更改图表类型"对话框中，单击"条形图"选项卡；
5. 在"条形图"组中，单击"簇状条形图"按钮；
6. 单击"确定"按钮；

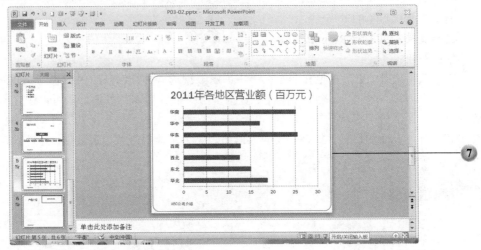

7. 完成效果如图所示。

「任务 3-3」 设置图表的样式

对第 5 张幻灯片上的图表应用"图表样式 22"。

素材文档： P03-03.pptx

结果文档： P03-03-R.pptx

任务解析：

与设置图片和形状样式类似，对于插入的图表，也可以通过设置图表样式，从整体上迅速对其进行美化。如果需要对图表做更精细的修饰，方法是先选中图表中相应的元素，然后就可以对这个元素做进一步的设计，包括调整其边框、填充颜色和形状效果，如为其添加阴影和映像等。

解题步骤

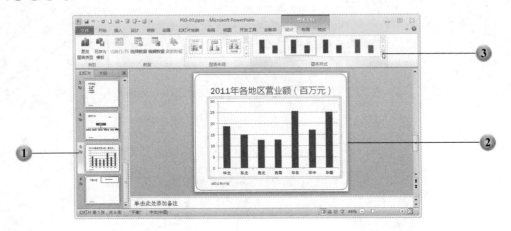

1. 选定第 5 张幻灯片;
2. 选定幻灯片上的图表;
3. 单击"图表工具:设计"选项卡/"图表样式"列表框右下角的"其他"下拉按钮;

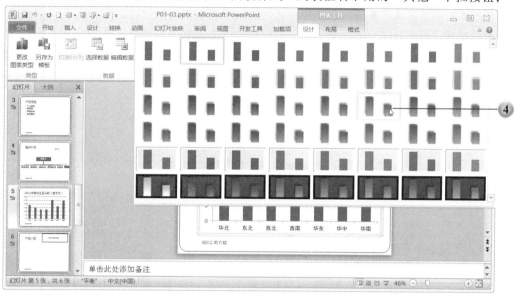

4. 在图表样式库中单击"样式 22";

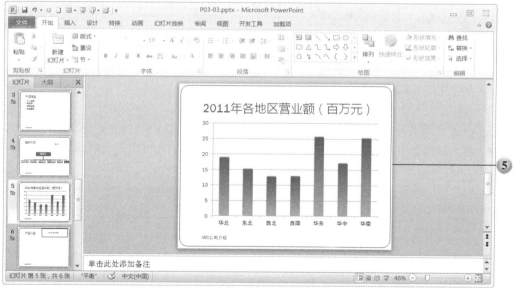

5. 完成效果如图所示。

「任务 3-4」 设置图表中元素的格式

在第 5 张幻灯片上,对"绘图区"应用"画布"纹理。
素材文档:P03-04.pptx
结果文档:P03-04-R.pptx

任务解析：

表格样式只能从整体上美化表格。表格中包含多个元素，如绘图区、坐标轴、标题和图例等，还可以针对任意的单一元素修改其格式。单击"表格工具：布局"选项卡/"当前所选内容"文本框右侧的箭头，在下拉菜单中所显示的就是当前图表中包含的所有元素，要对某一个元素设置格式，首先要选定该元素。除了通过此处的文本框下拉菜单选择，还可以直接用鼠标在图表区内通过单击来选定相应元素。选定某一元素后，就可以进一步设置其边框、填充颜色和各种效果，如阴影和映像等。

解题步骤

1. 选定第 5 张幻灯片；
2. 选定幻灯片上的图表；
3. 单击"图表工具：布局"选项卡/"当前所选内容"文本框右侧的下拉按钮；
4. 在下拉列表中单击"绘图区"，选中图表中的绘图区，此时图表的绘图区处于被选定的状态；

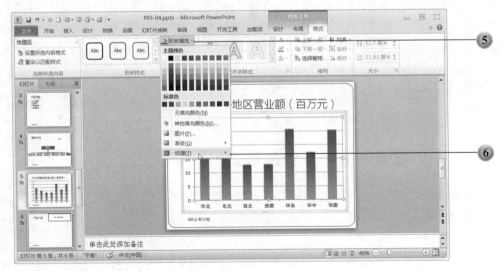

5. 单击"图表工具：格式"选项卡/"形状填充"下拉按钮；
6. 在下拉菜单中单击"纹理"；

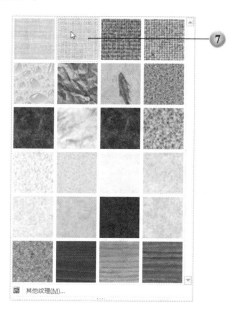

7. 在扩展菜单中单击"画布"；

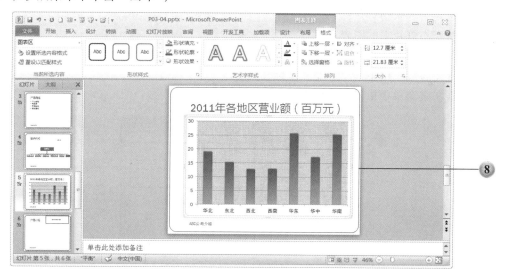

8. 完成效果如图所示。

「任务 3-5」 修改图表的坐标轴选项

修改演示文稿中第 5 张幻灯片中图表的纵坐标轴，使其以 7 为单位，从 0 延伸到 28。

素材文档：P03-05.pptx

结果文档：P03-05-R.pptx

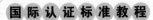

任务解析：

在建立图表后，图表的数值轴的刻度会根据图表中数据的数值范围自动调整。但这种默认的设置，可能并不能够满足在展示数据时所要求的效果。这时，就需要手工设置坐标轴的刻度单位和刻度范围。一般来说，通过调整刻度的最大值、最小值和刻度单位可以精确地完成对坐标轴的设置。

解题步骤

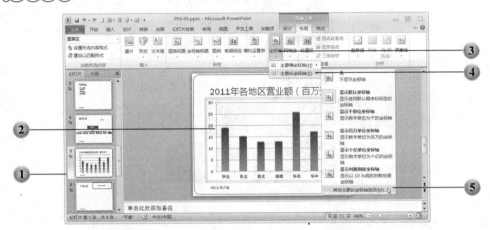

1. 选定第 5 张幻灯片；
2. 选定幻灯片上的图表；
3. 单击"图表工具：布局"选项卡/"坐标轴"下拉按钮；
4. 在下拉菜单中单击"主要纵坐标轴"；
5. 在扩展菜单中单击"其他主要纵坐标轴选项"；

    6. 在打开的"设置坐标轴格式"对话框中，确认"坐标轴选项"选项卡被选中；

    7. "最小值"、"最大值"和"主要刻度单位"3个选项都选中"固定"，并在相应的每个项目的右侧文本框中依次输入"0"、"28"和"7"；

8. 单击"关闭"按钮；

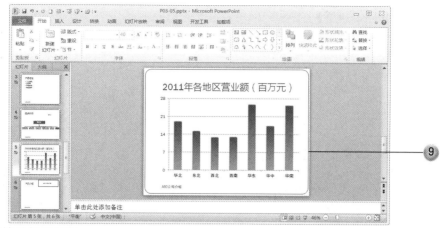

9. 完成效果如图所示。

「任务 3-6」 修改 SmartArt 图形中的文本

在第 2 张幻灯片上，从 SmartArt 图形中删除圆圈"Symbian"，将剩余形状分别重新标示为"苹果"、"谷歌"、"黑莓"和"微软"。

素材文档：P03-06.pptx

结果文档：P03-06-R.pptx

任务解析：

在演示文稿中，一般所指的图表都是数据图表，如柱形图和条形图等。除此之外，还有另外一类图表，称为 SmartArt 图形，这类图表属于概念图表，其特点是通过一系列分层次的形状来表达各种概念之间的相互关系，这种关系可能是并列关系，也可能是先后关系及隶属关系等。通过单击"插入"选项卡/ "SmartArt"按钮或者直接在占位符中单击"插入 SmartArt 图形"按钮，可以插入这类图形。根据所要表达的概念的情况，可以在 SmartArt 图形中添加和修改文本，还可以添加或者修改图形中的形状本身。

解题步骤

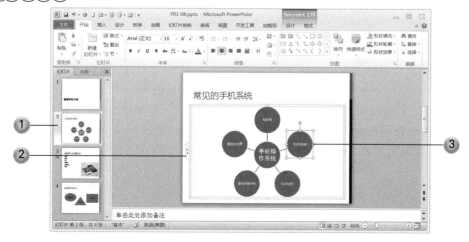

1. 选定第 2 张幻灯片；
2. 选定幻灯片上的 SmartArt 图形；
3. 选定 SmartArt 图形中的形状 "Symbian"，按 Delete 键，将其删除；

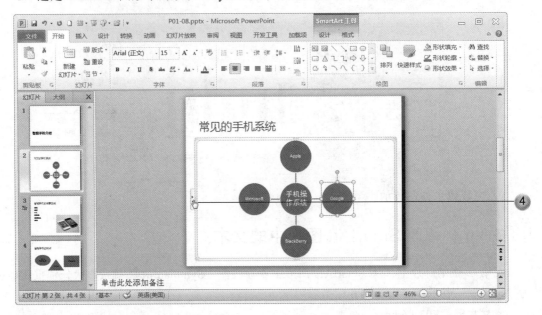

4. 单击 SmartArt 图形左侧边缘的箭头；

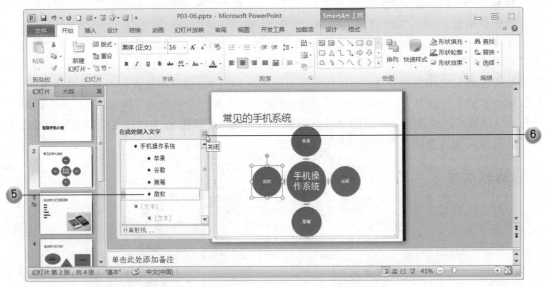

5. 在展开的文本输入窗格中，将 "Apple"、"Google"、"BlackBerry" 和 "Microsoft" 4 个形状中的文字依次更改为 "苹果"、"谷歌"、"黑莓" 和 "微软"；
6. 单击文字输入窗格右上角的关闭按钮；

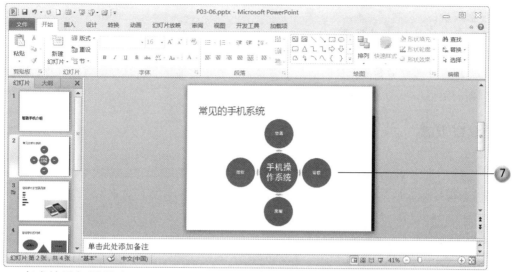

7. 完成效果如图所示。

相关技能

　　除了可以直接插入 SmartArt 图形之外，也可以通过选中某个项目列表中的文本，右击并在快捷菜单中单击"转换为 Smart Art"（见下图），然后进一步选择适合的 SmartArt 图形，将文本框中的文字直接转换为图形。这是一种效率更高的方法。

「任务 3-7」　修改 SmartArt 图形的布局

　　将第 4 张幻灯片中的 SmartArt 图形的布局修改为"表层次结构"。
　　素材文档：P03-07.pptx
　　结果文档：P03-07-R.pptx

任务解析：

PowerPoint 2010一共提供了8类SmartArt图形，分别是"列表"、"流程"、"循环"、"层次结构"、"关系"、"矩阵"、"棱锥图"和"图片"。如果在演示文稿中已经插入了某种SmartArt图形，要想将其改变为其他布局的图形，通常不需要重新插入，而是仅仅通过更改布局，就可以得到新的图形。

解题步骤

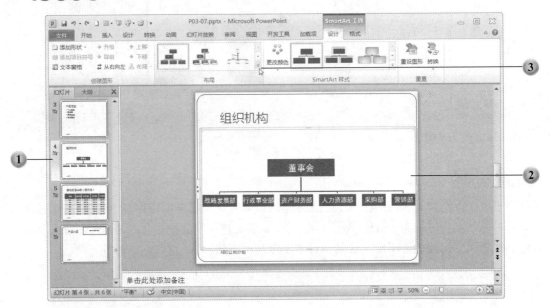

1. 选定第4张幻灯片；
2. 选定幻灯片上的SmartArt图形；
3. 单击"SmartArt工具：设计"选项卡/"布局"组中的列表框右侧的"其他"下拉按钮；

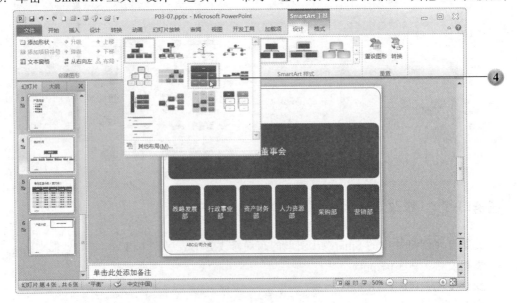

4. 在展开的布局列表框中单击"表层次结构";

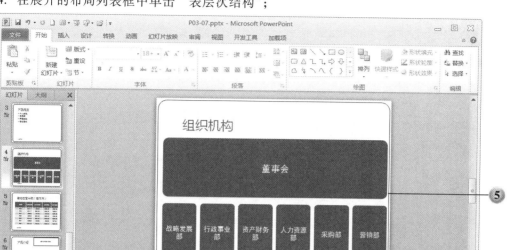

5. 完成效果如图所示。

单元4 在演示文稿中应用动画和其他多媒体元素

「任务 4-1」 为幻灯片中的文本添加进入动画

在第 1 张幻灯片上，对文本"ABC 公司介绍"应用"缩放"动画。

素材文档：P04-01.pptx

结果文档：P04-01-R.pptx

任务解析：

在播放演示文稿的时候，要想将观众的注意力集中在所要强调的要点上、更好地控制播放的节奏及提高观众对演示文稿的兴趣，使用动画是一种有效的方法。使用者可以将 PowerPoint 2010 演示文稿中的文本、图片、形状、表格、SmartArt 图形和其他对象制作成动画，动画就是给文本或对象添加的特殊视觉或声音效果。例如，可以使项目符号中的文本逐字从左侧飞入，赋予它们进入、退出、大小或颜色变化甚至移动等视觉效果。PowerPoint 2010 中有以下 4 种不同类型的动画效果：

- "进入"效果：例如，可以使对象逐渐淡入焦点、从边缘飞入幻灯片或者跳入视图中。
- "退出"效果：这些效果包括使对象飞出幻灯片、从视图中消失或者从幻灯片旋出。
- "强调"效果：这些效果可以使对象缩小或放大、更改颜色或沿着其中心旋转。
- "动作路径"效果：使用这些效果可以使对象上下或左右移动，以及沿着某种图案移动。

解题步骤

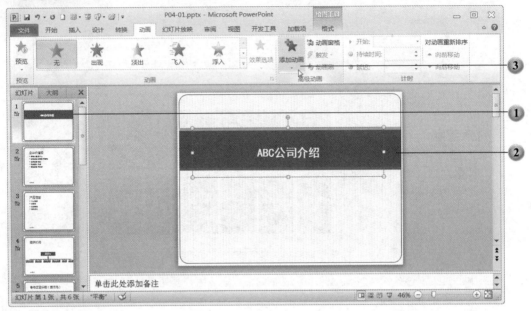

1. 选定第 1 张幻灯片；
2. 选定幻灯片上的标题文本框；
3. 单击"动画"选项卡/ "添加动画"下拉按钮；

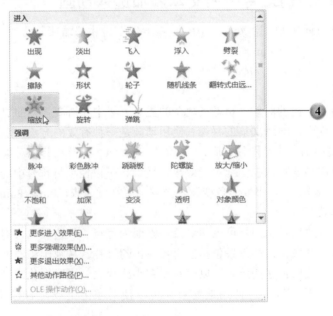

4. 在下拉菜单中单击"缩放"；

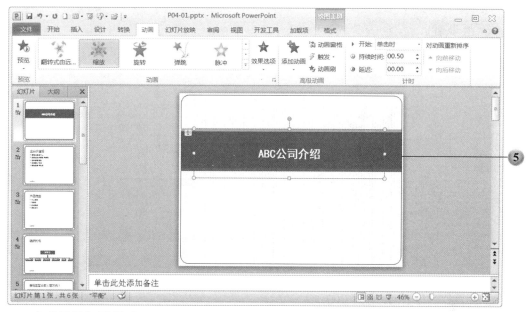

5. 完成效果如图所示。

相关技能

如果一张幻灯片上有多个动画，那么这些动画播放的先后顺序及播放的时机对于幻灯片的
演示效果就非常重要。要调整动画的播放先后顺序，可以通过单击"动画"选项卡/"动画窗
格"按钮打开动画窗格，在其中进行调整。动画的播放时机一共有3种，分
别是在单击时播放动画，与上一个动画同时播放本动画和在上一个动画播放
完毕后再播放本动画。单击"动画"选项卡/"开始"文本框右侧的箭头，在
下拉菜单中（见右图），可以选择在什么情况下开始播放一个动画。

单击时
与上一动画同时
上一动画之后

「任务 4-2」 为幻灯片中的图形添加动作路径动画

在第 2 张幻灯片上，对左侧计算机中的"邮件"图形应用动作路径"转弯"，并将动作路
径方向更改为"右下"。

素材文档：P04-02.pptx

结果文档：P04-02-R.pptx

任务解析：

动作路径动画是幻灯片页面内元素动画的一种，使用这种动画可以让指定的对象或文本沿
着一条规定好的路径运动。这条路径可以是向某个方向直线或者曲线运动，也可以是按照一定
的形状运动，比如梯形或者三角形。甚至，使用者还可以通过鼠标，在幻灯片上为元素设定自
定义动作路径。

解题步骤

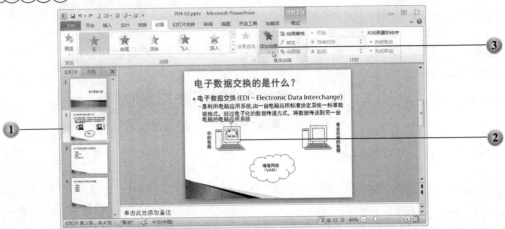

1. 选定第 2 张幻灯片；
2. 选定幻灯片上的"邮件"图形；
3. 单击"动画"选项卡/ "添加动画"下拉按钮；

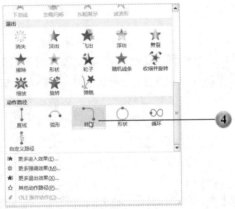

4. 在下拉菜单中单击"动作路径"组的"转弯"；

5. 添加动画后，单击"动画"选项卡/"效果选项"下拉按钮；
6. 在下拉菜单中单击"右下"；

7. 完成效果如图所示。

「任务 4-3」 修改幻灯片中动画的效果和播放时间

在第 2 张幻灯片上，将动画的持续时间设置为 1 秒，并将该动画设置为"中央向左右展开"。
素材文档：P04-03.pptx
结果文档：P04-03-R.pptx
任务解析：

在为幻灯片中某个元素添加了动画之后，还可以进一步设置这个动画的播放时间。动画的播放时间决定了动画的播放速度，时间越长，播放速度就越慢，反之越快。此外，对于同一个动画效果，也可以对其添加不同的效果选项，例如"劈裂"的进入动画效果，可以设置为从中心向外展开，也可以设置为从两侧向中心收缩，这种展开或者收缩的方向可以是水平的，也可以是垂直的。

解题步骤

1. 选定第 2 张幻灯片；
2. 选定幻灯片上的图形；
3. 单击"动画"选项卡/"效果选项"下拉按钮；

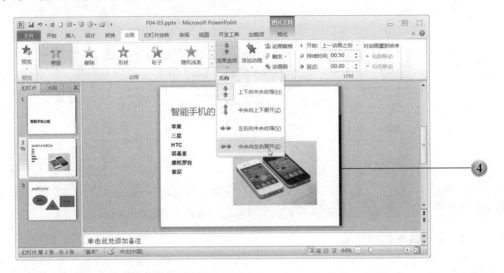

4. 在下拉菜单中单击"中央向左右展开"；

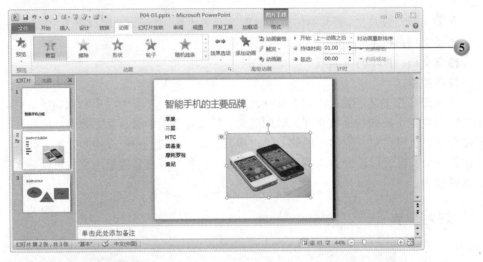

5. 在"动画"选项卡/"持续时间"文本框输入"1"（也可以通过右侧的调节钮来调整），完成对动画的修改。

「任务 4-4」 设置幻灯片切换的声音和切换效果

对第 4 张和第 5 张幻灯片应用切换声音"风铃"和切换效果"溶解"。
素材文档：P04-04.pptx
结果文档：P04-04-R.pptx
任务解析：

在 PowerPoint 2010 中，除了可以为幻灯片中的某一个元素添加动画效果外，还可以设置从一张幻灯片切换到下一张幻灯片时的切换动画效果。PowerPoint 2010 内置了多种切换的动画效果和声音效果，这些效果可以仅对演示文稿中的部分幻灯片应用，也可以对所有幻灯片应用。和页面内元素的动画类似，使用者也可以调整切换动画的持续时间。

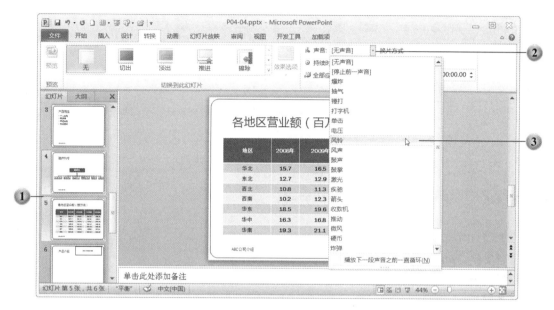

1. 按住 Ctrl 键，同时选定第 4 张和第 5 张幻灯片；
2. 单击"转换"选项卡/"声音"文本框右侧的下拉按钮；
3. 在下拉列表中单击"风铃"；

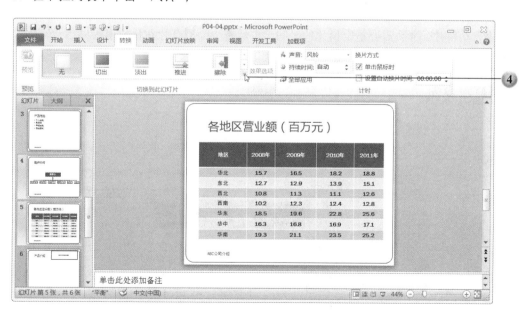

4. 单击"转换"选项卡/"切换到此幻灯片"组的列表框右侧的"其他"下拉按钮；

5. 在列表中单击"溶解"，完成对于幻灯片切换方式的修改。

「任务 4-5」 设置演示文稿的换片方式

设置幻灯片选项，使每张幻灯片在 20 秒后，自动切换。
素材文档：P04-05.pptx
结果文档：P04-05-R.pptx
任务解析：

在使用 PowerPoint 2010 播放演示文稿时，幻灯片从一张切换到另外一张有两种方法，一种是手动控制，比如演讲者在讲完一张幻灯片的内容后，通过单击鼠标，可以切换到下一张幻灯片；另外一种方法是将演示文稿设置为自动换片，比如在某个展览会上，并无人负责播放演示文稿，就需要进行这种设置。这两种换片方式在一个演示文稿中可以同时存在。如果允许演示文稿自动换片，那么需要指定换片的时间，也就是一张幻灯片在播放多久以后，切换到下一张幻灯片。

解题步骤

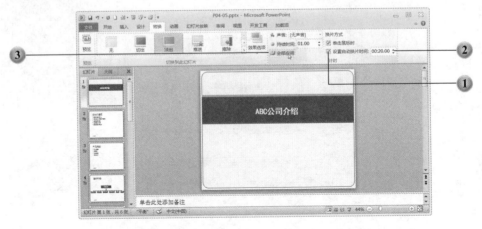

1. 选中"转换"选项卡/"设置自动换片时间"复选框；
2. 在"设置自动换片时间"文本框中输入"20"（可以通过右侧的调节钮调节）；
3. 单击"转换"选项卡/"全部应用"按钮，完成换片方式的修改。

「任务4-6」 为演示文稿添加音频

在第1张幻灯片上，插入名为"P04-06.wma"的音频，并使其能够跨幻灯片播放。

素材文档：P04-06.pptx；P04-06.wma

结果文档：P04-06-R.pptx

任务解析：

除了添加动画之外，使用者还可以在演示文稿中添加各种视频和音频等多媒体内容，从而使得演示效果更具吸引力。有些情况下，所添加的音频仅仅是为在某一张幻灯片内表现或者解释某项内容，那么可以将其设置为在这张幻灯片内自动播放或者通过单击鼠标时才播放。而在另外一些情况下，比如演示文稿是为提供给观众自行浏览，并无人讲解，这时可以添加一段音频，作为演示文稿播放过程中的背景音乐，这就需要所添加的声音不局限于某一张幻灯片内。为了达到这种效果，可以将音频设置为跨幻灯片播放。

解题步骤

1. 选定第1张幻灯片；
2. 单击"插入"选项卡/"音频"下拉按钮；
3. 在下拉菜单中单击"文件中的音频"；

4. 在打开的"插入音频"对话框中，打开"P04-06.wma"所在文件夹，并选定该文档；
5. 单击"插入"按钮；

6. 单击"音频工具：播放"选项卡/"开始"文本框右侧的下拉按钮；
7. 在下拉菜单中单击"跨幻灯片播放"；

8. 完成效果如图所示。

单元5　播放和保存演示文稿

「任务5-1」 在放映演示文稿时添加墨迹注释

以幻灯片放映的形式浏览演示文稿。切换到名为"产品范围"的幻灯片，用笔工具圈选文本"智能手机"。结束放映后，保存注释。

素材文档： P05-01.pptx

结果文档： P05-01-R.pptx

任务解析：

在演示文稿的播放过程中，为了增强演说的效果和吸引听众的注意力，演说者可以如同面对一块黑板一样，使用幻灯片的笔工具对幻灯片上的内容进行圈划，这称为注释。在演示文稿播放完成后，可以选择是否保留这些注释。如果选择了保留注释，未来可以应用"墨迹书写工具：笔"进行编辑。

解题步骤

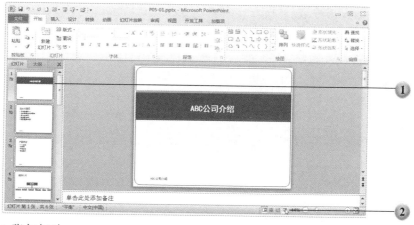

1. 选定第 1 张幻灯片；

2. 单击"状态栏"的"幻灯片放映"按钮，按 PgDn 键，顺序播放每一张幻灯片；

3. 在播放到标题为"产品范围"的幻灯片后，单击幻灯片左下角的"指针选项"按钮；

4. 在打开的菜单中单击"笔"工具，此时光标形状会变为一个红色圆点；

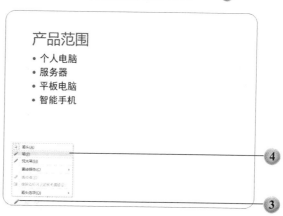

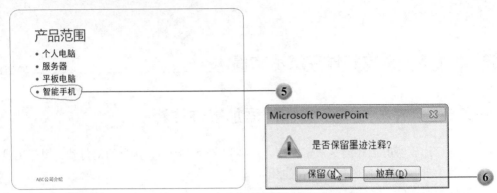

5. 用"笔"工具圈选文本"智能手机",然后继续播放演示文稿;

6. 在演示文稿播放结束后,会打开提示对话框,询问是否保留墨迹注释,直接单击"保留"按钮;

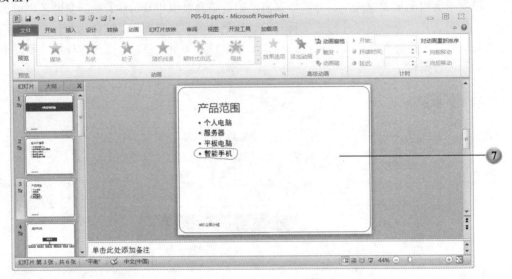

7. 完成效果如图所示。

「任务 5-2」 自定义放映演示文稿

创建一个名为"第一节"的自定义放映,使其只包含第 2~5 张幻灯片。

素材文档: P05-02.pptx

结果文档: P05-02-R.pptx

任务解析:

一个演示文稿可能包含多张幻灯片,但有时可能只需要播放其中的一部分。在这种情况下,并不需要将其他幻灯片删除,然后保存为另外一份副本,而是可以创建一个自定义放映,使其只包含想要播放的幻灯片。在放映演示文稿的时候,只要选择这个自定义放映,就可以只播放特定的幻灯片内容。需要注意的是,自定义放映所包含的幻灯片,可以是原演示文稿中连续的几张幻灯片,也可以是不连续的幻灯片,按住 Ctrl 键不放,可以同时选定多张不连续的幻灯片。

解题步骤

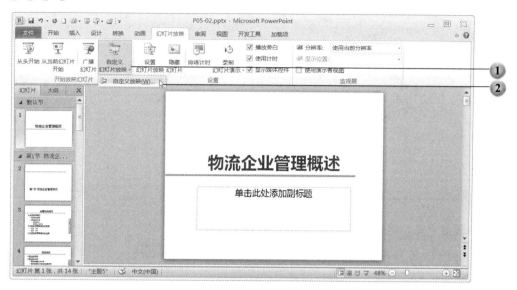

1. 单击"幻灯片放映"选项卡/"自定义幻灯片放映"下拉按钮；
2. 在下拉菜单中单击"自定义放映"；

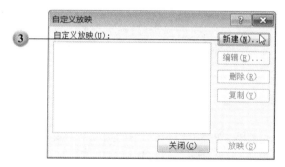

3. 在打开的"自定义放映"对话框中，单击"新建"按钮；

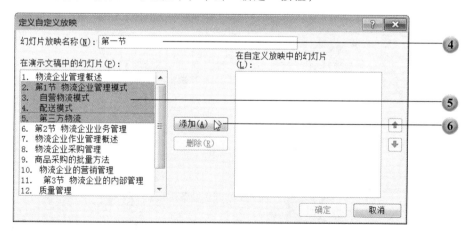

4. 这时会打开"定义自定义放映"对话框，在"幻灯片放映名称"文本框里输入"第一节"；
5. 选中"在演示文稿中的幻灯片"列表框中的第 2 ~ 5 张幻灯片；

6. 单击"添加"按钮；

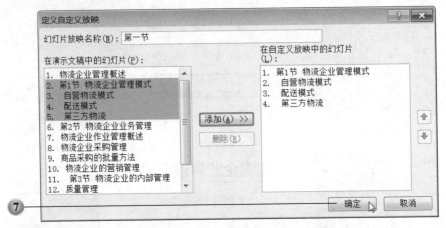

7. 添加完自定义放映幻灯片后，单击"确定"按钮；

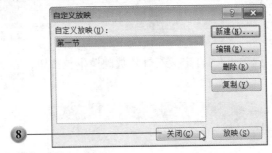

8. 单击"关闭"按钮。

相关技能

未来如果只需要放映演示文稿"P05-02.pptx"中的第 2 ~ 5 张幻灯片，那么如下图所示，只需要单击"幻灯片放映"选项卡/"自定义幻灯片放映"下拉按钮，在下拉菜单中单击"第一节"即可。

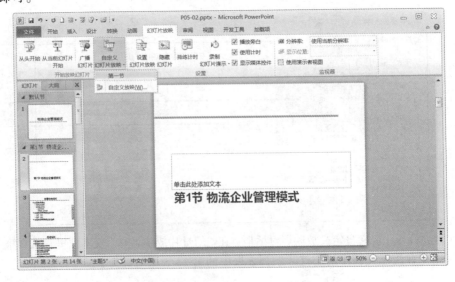

「任务 5-3」 设置幻灯片放映类型

将演示文稿的放映类型设置为在展台浏览。

素材文档：P05-03.pptx

结果文档：P05-03-R.pptx

任务解析：

在有些情况下，比如在展览会上，演示文稿的播放通常无专人实时控制，这时就需要演示文稿在播放时，能够自动换片和循环播放。此时可以将演示文稿设置为在展台播放的模式。需要注意的是，必须首先将演示文稿设置为可以自动换片，并设置好换片时间，然后再将放映类型设置为在展台播放，演示文稿才能正确放映。设置自动换片的方法请参考本篇内容的"任务 4-5"。

解题步骤

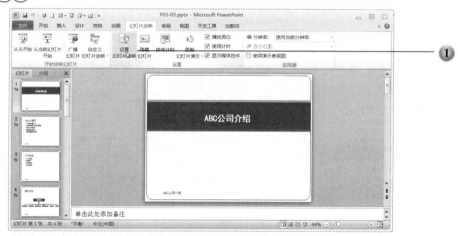

1. 单击"幻灯片放映"选项卡/"设置幻灯片放映"按钮；

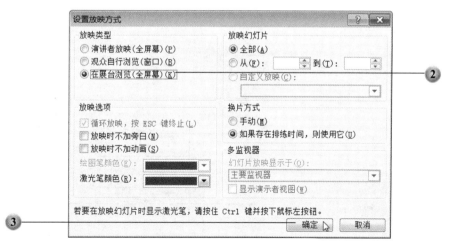

2. 在打开的"设置放映方式"对话框中，在"放映类型"组选中"在展台浏览（全屏幕）"；
3. 单击"确定"按钮，完成设置。

「任务 5-4」 打印演示文稿

使用 Adobe PDF 打印机，以每页 4 张幻灯片、水平放置打印演示文稿的讲义，并请使用灰度模式。将 PDF 文档用默认名称保存在默认路径。

素材文档： P05-04.pptx

结果文档： P05-04-R.pdf

任务解析：

在打印演示文稿时，有多种选择。可以打印幻灯片、演示文稿的大纲、备注页及用讲义模式来打印。在使用讲义模式打印幻灯片的时候，还可以进一步选择每张纸上打印幻灯片的数量及放置的方式。在 PowerPoint 2010 中打印演示文稿，可以选择真实的打印机，将幻灯片打印到纸张上，也可以选择虚拟的打印机，如 Adobe PDF 打印机，将演示文稿虚拟打印为一个 PDF 文档，并保存在指定的文件夹中。

解题步骤

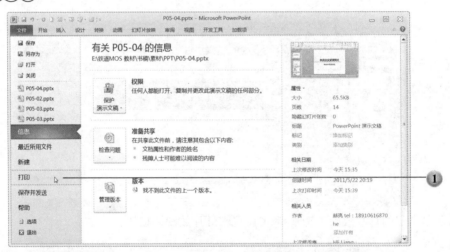

1. 单击"文件"选项卡/"打印"子选项卡；

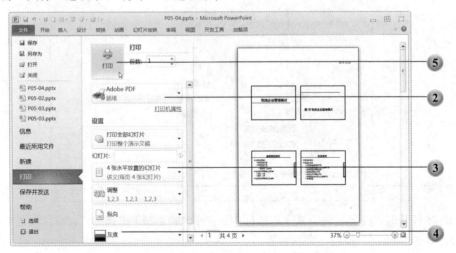

2. 单击"打印机"下拉按钮，在下拉菜单中选择"Adobe PDF"；

3. 单击"打印版式"按钮，在菜单中选择"4 张水平放置的幻灯片"；

4. 单击"颜色"按钮，在菜单中选择"灰度"；

5. 单击"打印"按钮；

6. 在打开的"另存 PDF 文件为"对话框中，直接单击"保存"按钮。

相关技能

演示文稿的大纲可以在普通模式下在大纲窗格中查看，如果选择打印大纲，将会输出的就是这部分内容。备注页窗格在幻灯片编辑窗格的下方，可以在此添加对幻灯片的注释内容，如果选择打印备注页，就会将这部分内容输出。

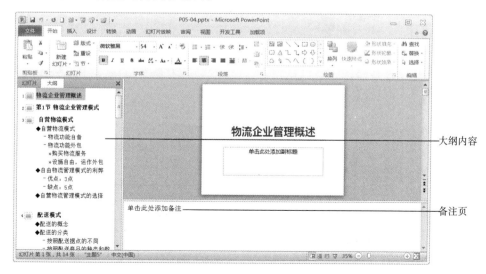

「任务 5-5」 保存演示文稿为自动放映格式

在"文档"文件夹中,将演示文稿保存为名为"ABC 公司介绍"的"PowerPoint 放映"。
(注意,如果是在 Windows XP 环境下,请保存在"我的文档"文件夹中。)

素材文档:P05-05.pptx
结果文档:P05-05-R.ppsx

任务解析:

PowerPoint 2010 允许使用者以多种格式保存演示文稿,其默认的保存格式是"PowerPoint 演示文稿(*.pptx)",但在有些情况下,可能会希望其他读者在播放演示文稿时,只要双击演示文稿,就自动进入播放状态,而不是进入普通视图。为了达到这一目的,可以将演示文稿保存为"PowerPoint 放映(*.ppsx)"格式。

解题步骤

1. 单击"文件"选项卡/"另存为"按钮;

2. 在打开的"另存为"对话框中，打开"文档"文件夹（在 Windows XP 系统下，此处请选择"我的文档"文件夹）；

3. 在"文件名"文本框中输入"ABC 公司介绍.ppsx"；

4. 单击"保存类型"按钮，在列表中选择"PowerPoint 放映（*.ppsx）"；

5. 单击"保存"按钮。

相关技能

PowerPoint 2010 和 PowerPoint 2003 的文件格式是不同的，如果希望用 PowerPoint 2010 制作的演示文稿在 PowerPoint 2003 下也可以顺利播放，那么可以将演示文稿保存为 "PowerPoint 97-2003 演示文稿（*.ppt）"格式。

单元 6　保护和共享演示文稿

「任务 6-1」为幻灯片添加批注

在第 3 张幻灯片上，添加批注"服务器主要面向企业客户！"。

素材文档：P06-01.pptx

结果文档：P06-01-R.pptx

任务解析：

在协同工作的环境下，有时需要对他人制作的演示文稿提出意见和建议，或者为自己制作的演示文稿添加一些注释以便他人对演示文稿内容有更好的了解。此时可以选择为演示文稿添加批注。添加批注的对象可以是整张幻灯片或者仅仅是幻灯片中的某一部分文本内容。

解题步骤

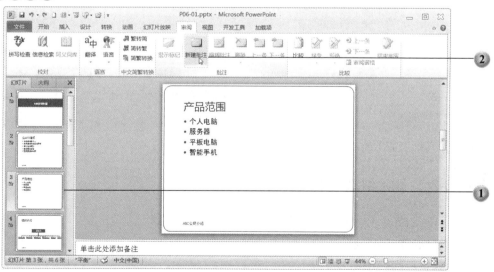

1. 选定第 3 张幻灯片；
2. 单击"审阅"选项卡/"新建批注"按钮；

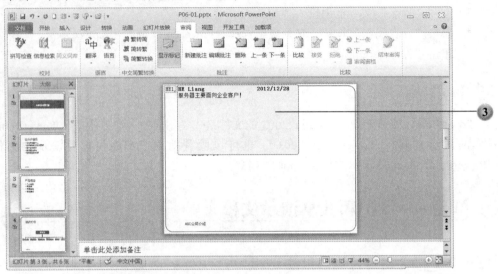

3. 在批注框中输入"服务器主要面向企业用户！"，然后单击幻灯片上任意其他位置；

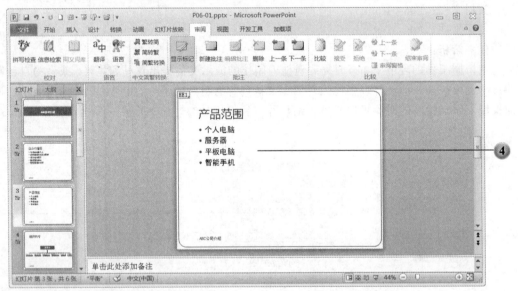

4. 完成效果如图所示。

「任务 6-2」 删除幻灯片上的批注

在第 3 张幻灯片上，删除所有批注。

素材文档：P06-02.pptx

结果文档：P06-02-R.pptx

任务解析：

对于演示文稿中的批注，如果不再需要，可以将其删除。删除批注时，可以选择仅删除某一条批注，也可以选择删除整张幻灯片上的批注乃至删除整个演示文稿中的所有批注。

解题步骤

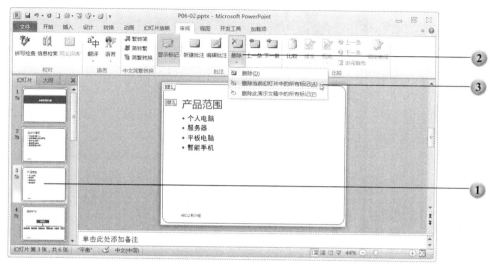

1. 选定第 3 张幻灯片；
2. 单击"审阅"选项卡／"删除"按钮；
3. 在下拉菜单中单击"删除当前幻灯片中的所有标记"；

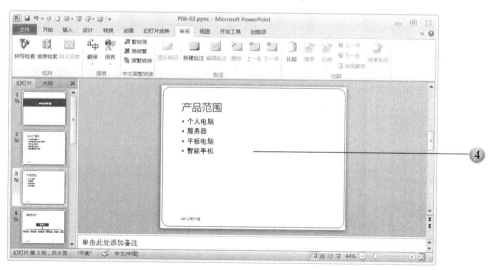

4. 完成效果如图所示。

相关技能

要删除演示文稿中的所有批注，还可以通过单击"文件"选项卡／"信息"子选项卡／"检查问题"下拉按钮，在菜单中单击"检查文档"来完成，如下图所示，在打开的"文档检查器"对话框中，选中"批注和注释"复选框，然后单击"检查"按钮，如果检测到演示文稿中包含批注，可以选择将其全部删除。

「任务 6-3」 为演示文稿添加属性

将自定义属性"用途"添加到演示文稿中，取值为"展览会演示"。

素材文档：P06-03.pptx

结果文档：P06-03-R.pptx

任务解析：

文档属性也称为元数据（元数据：用于说明其他数据的数据。例如，文档中的文字是数据，而字数便是元数据。），主要作用是描述或标识文件的详细信息。文档属性包括标识文档主题或内容的详细信息，如标题、作者姓名、主题和关键字等。为 PowerPoint 文档建立了属性之后，就可以轻松地组织和标识文档。此外，还可以基于文档属性搜索文档。

解题步骤

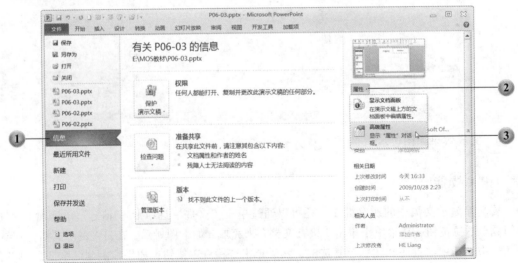

1. 单击"文件"选项卡/"信息"子选项卡；

2. 单击右侧的"属性"下拉按钮；

3. 在下拉菜单中单击"高级属性"；

4. 在打开的"P06-03.pptx属性"对话框中，单击"自定义"选项卡；

5. 在"名称"文本框输入"用途"（也可以在下面的列表框中选取）；

6. 在"取值"文本框输入"展览会演示"；

7. 单击"添加"按钮，此时会看到刚刚建立的属性已经被添加到了下方的属性列表中；

8. 单击"确定"按钮。

「任务6-4」 加密演示文稿

使用密码"2012"对演示文稿进行加密。

素材文档： P06-04.pptx

结果文档： P06-04-R.pptx

任务解析：

某些情况下，使用者完成的 PowerPoint 文档只需要给指定的用户使用，为了保密起见，可以为演示文稿设置密码，以便仅仅拥有密码的用户才有权限打开演示文稿。

解题步骤

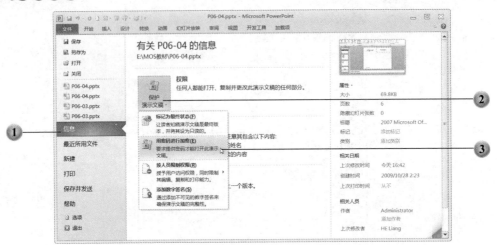

1. 单击"文件"选项卡/"信息"子选项卡；
2. 单击"保护演示文稿"下拉按钮；
3. 在下拉菜单中选择"用密码进行加密"；

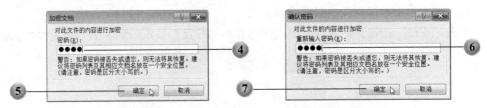

4. 在打开的"加密文档"对话框的"密码"文本框中输入密码"2012"；
5. 单击"确定"按钮；
6. 在打开的"确认密码"对话框的"重新输入密码"文本框中再次输入密码"2012"；
7. 单击"确定"按钮；

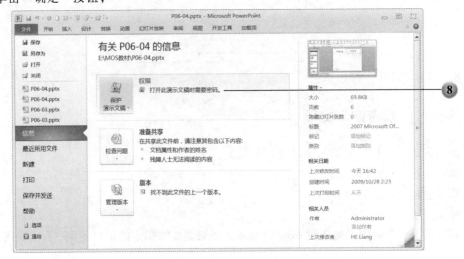

8. 完成效果如图所示。

 相关技能

有时仅仅需要将演示文稿保存为只读状态，即只允许其他读者阅读和播放演示文稿，但不允许随意修改其内容，这时可以为演示文稿添加"修改权限密码"而不是"打开权限密码"。添加的方法为单击"文件"选项卡/"另存为"按钮，在打开的"另存为"对话框中，单击"保存"按钮左侧的"工具"按钮，在菜单中单击"常规选项"，此时会打开"常规选项"对话框，如下图所示，在其中输入"修改权限密码"。

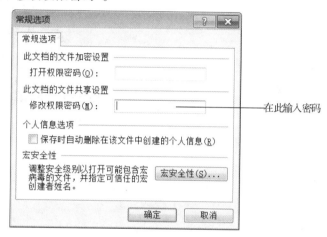

在此输入密码

第5篇

微软办公软件国际标准综合应用

Microsoft® Office

单元1 应用 Word 进行复杂图文混排

 **完成效果**

康德

生平

1724年4月22日康德出生于东普鲁士首府哥尼斯堡的一个马鞍匠家庭；1740年进入哥尼斯堡大学攻读哲学；1745年毕业；从1746年起康德去一个乡间贵族家庭担任家庭教师九年；1755年康德重返哥尼斯堡大学；1786年升任哥尼斯堡大学校长；1797年辞去大学教职；1804年2月12日病逝。

主要思想

康德的一生可以以1770年为标志分为前期和后期两个阶段，前期主要研究自然科学，后期则主要研究哲学。前期的主要成果有1755年发表的《自然通史和天体论》，其中提出了太阳系起源的星云假说。在后期从1781年开始的9年里，康德出版了一系列涉及领域广阔、有独创性的伟大著作，给当时的哲学思想带来了一场革命，其探讨的领域包括：

- 我们如何认识外部世界？
- 我们应该怎样做？
- 我们可以抱有什么希望？

通过对以上问题的批判和总结，康德分别探讨了认识论、伦理学以及美学，标志着康德哲学体系的完成。

交流稿

知识论

康德带来了哲学上的哥白尼式转变。他说，不是事物在影响人，而是人在影响事物。是我们人在构造观实世界，在认识事物的过程中，人比事物本身更重要。我们其实根本不可能认识到事物的本质，只能认识事物的表象。康德的著名论断就是：知性为自然立法。

伦理学

康德告诉我们说：我们要尽我们的义务。但什么叫"尽义务"？为了回答这一问题，康德提出了著名的"(绝对)范畴律令"："要这样做，永远使得你的意志的准则能够同时成为普遍制订法律的原则。"康德认为，人在道德上是自主的，人的行为虽然受客观因素的限制，但是人之所以成为人，就在于人有道德上的自由能力，能超越因果，有能力为自己的行为负责。

康德的主要著作

主要著作	出版年份
纯粹理性批判	1781 年[*]
自然形而上学导论	1786 年
实践理性批判	1788 年
判断力批判	1790 年

表格 1 康德的著作及出版年份

[*] 为该书第一版出版时间。

关于康德的轶事

康德生活中的每一项活动，如起床、喝咖啡、写作、讲学、进餐、散步，时间几乎从来没有过变化，就像机器那么准确。每天下午3点半，工作了一天的康德先生会踱出家门，开始他那著名的 散步，邻居们纷纷以此来校对时间，而教堂的钟声也同时响起。唯一的一次例外是，当他读到法国浪漫主义作家卢梭的名著《爱弥尔》时，深为所动，为了能一口气看完它，不得不放弃每天 例行的散步。这使得他的邻居们真一时搞不清是否该以教堂的钟声来对自己的表。

素材文档：05-01.txt；05-01.png

结果文档：05-01.pdf

案例分析：

本案例的目的是使用光盘中所提供的素材（文本和图片），制作一份关于德国哲学家康德的人物介绍。为了完成此任务，读者需要应用样式设置正文和各级标题的字体和段落格式，并为文档添加注释和页脚，最后，还需要插入图片和文本框，并设置它们的样式与格式，最终效果如完成效果图所示。

相关能力点

- 设置纸张方向；
- 设置页边距；
- 设置页眉和页脚在页面中的位置；
- 建立和修改样式；
- 设置字体和段落格式；
- 添加项目符号；
- 添加表格和题注；

- 为内容分栏；
- 为文档页面及段落添加边框；
- 添加尾注；
- 添加页脚；
- 设置图片格式；
- 设置文本框格式。

制作流程

任务1：	任务2：	任务3：	任务4：	任务5：
设置文档页面布局	应用样式设置字体和段落格式	添加项目符号、表格及分栏	添加注释、边框和页脚	插入图片和文本框并保存文档

「任务 1-1」 设置文档页面布局

任务要求

纸张方向	横向
页边距	1. 上：0.5 厘米 2. 下：0.5 厘米 3. 左：1.5 厘米 4. 右：8.5 厘米
页眉和页脚	1. 页眉距边界：0.8 厘米 2. 页脚距边界：0.6 厘米

解题步骤

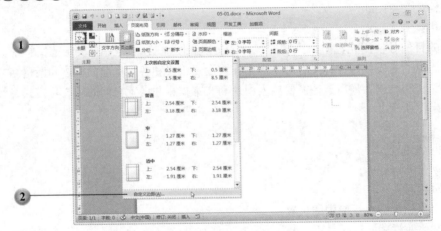

1. 新建一个 Word 文档，并将其命名为"05-01.docx"，单击"页面布局"选项卡/"页边距"下拉按钮；
2. 在下拉菜单中单击"自定义边距"；

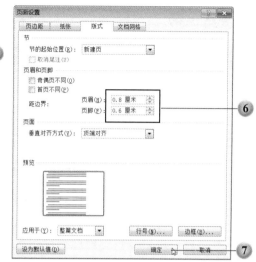

3. 在打开的"页面设置"对话框的"页边距"选项卡中，单击"纸张方向"组的"横向"按钮；

4. 在"页边距"组，将"上"、"下"、"左"、"右"页边距的数值分别设置为"0.5 厘米"、"0.5 厘米"、"1.5 厘米"和"8.5 厘米"；

5. 单击"版式"选项卡；

6. 在"页眉"和"页脚"文本框分别输入"0.8 厘米"和"0.6 厘米"；

7. 单击"确定"按钮，完成页面设置。

「任务 1-2」 应用样式设置字体和段落格式

任务要求

标题 1 样式	1. 字体：二号、黑体、加粗、蓝色，强调文字颜色 1
	2. 段落间距：段前及段后间距为 1 行
	3. 行距：2 倍行距
	4. 应用文本：首行的"康德"两个字（请参见结果文档 05-01.pdf）
标题 2 样式	1. 字体：四号、黑体、加粗、蓝色，强调文字颜色 1
	2. 段落间距：段前及段后间距为 0.5 行
	3. 行距：单倍行距
	4. 应用文本："生平"、"主要思想"、"知识论"、"伦理学"和"康德的主要著作"（请参见结果文档 05-01.pdf）
正文文字样式	1. 字体：11 号、宋体、加宽间距，磅值为 0.8
	2. 段落间距：段前及段后间距为 0.5 行
	3. 行距：单倍行距；应用文本：表格上方除了标题之外的所有文字（具体参见结果文档 05-01.pdf）

解题步骤

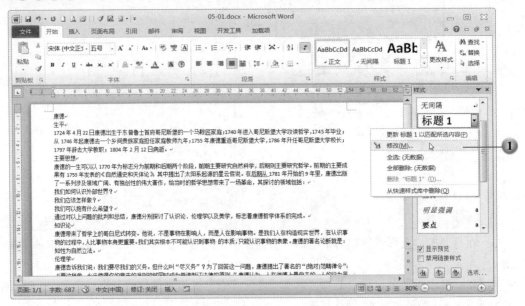

1. 首先，将文档"05-01.txt"中的正文文本（题注以上的文本）复制到文档"05-01.docx"中。然后，打开"样式"任务窗格，单击"标题 1"样式右侧的下拉箭头，在下拉菜单中单击"修改"；

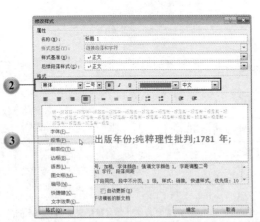
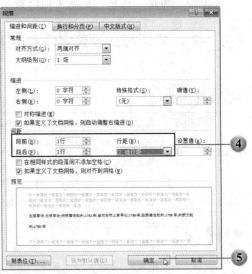

2. 在打开的"修改样式"对话框中，将字体设置为"黑体"；字号选择"二号"；字形选择"加粗"；字体颜色选择"蓝色,强调文字颜色 1"；

3. 单击"格式"按钮，在菜单中选择"段落"；

4. 在打开的"段落"对话框中，将"段前"和"段后"间距都调整为"1 行"，行距设置为"2 倍行距"；

5. 单击"确定"按钮，关闭"段落"对话框；

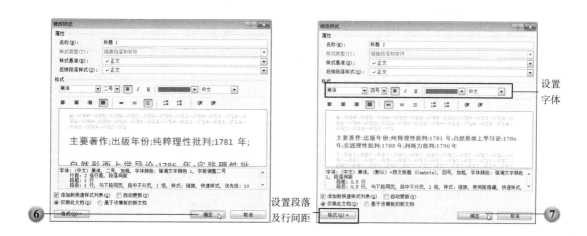

设置字体

设置段落及行间距

6. 单击"确定"按钮，完成对"标题1"样式的修改。

7. 与设置"标题1"的样式方法相同，修改"标题2"样式，将其字体设置为"黑体"，字号设置为"四号"，字形加粗，字体颜色设置为"蓝色,强调文字颜色1"，并将其段前和段后间距设置为"0.5行"，行距设置为"单倍行距"。最后，单击"确定"按钮，完成"标题2"样式的设置。

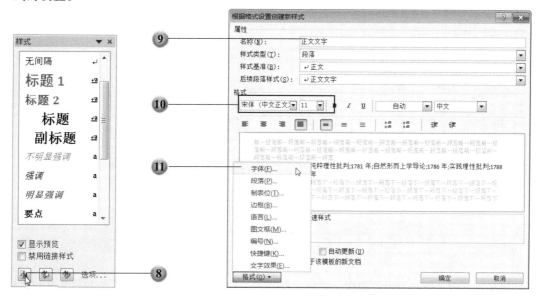

8. 单击"样式"任务窗格中的"新建样式"按钮；

9. 在"根据格式设置创建新样式"对话框中，在"名称"文本框中输入"正文文字"；

10. 将新样式的字体设置为"宋体（中文正文）"，字号设置为"11"；

11. 单击"格式"按钮，在菜单中选择"字体"；

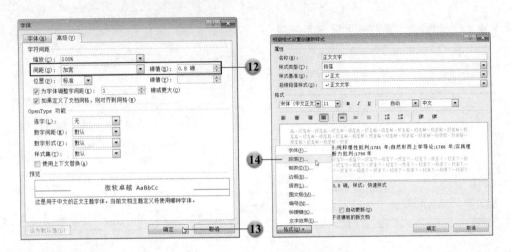

12. 在打开的"字体"对话框中的"字符间距"组，将间距设置为"加宽"，在右侧的"磅值"文本框中输入"0.8磅"（也可以通过数值调节钮调节）；

13. 单击"确定"按钮，关闭"字体"对话框；

14. 再次单击"格式"按钮，在菜单中选择"段落"；

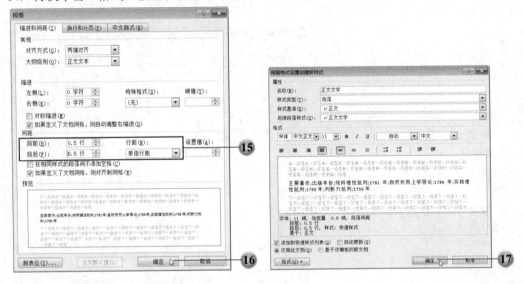

15. 在打开的"段落"对话框中，将新建样式的"段前"和"段后"间距分别设置为"0.5行"，将"行距"设置为"单倍行距"；

16. 单击"确定"按钮，关闭"段落"对话框；

17. 单击"确定"按钮，完成新样式的创建；

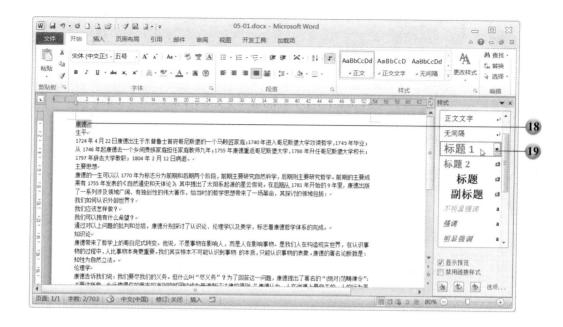

18. 选中文档开头的文本"康德";

19. 单击"样式"任务窗格的"标题1"样式，将选中文本设置为"标题1";

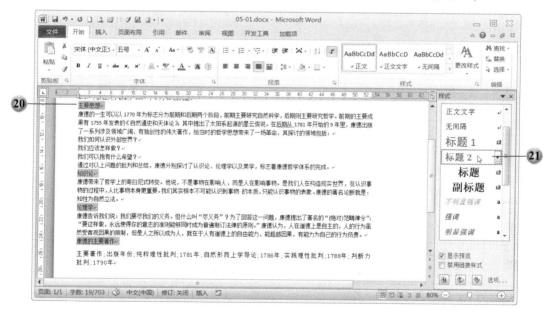

20. 同时选中文档中所有需要设置为标题2的文本;

21. 单击"样式"任务窗格的"标题2"样式，将选中文本设置为"标题2";

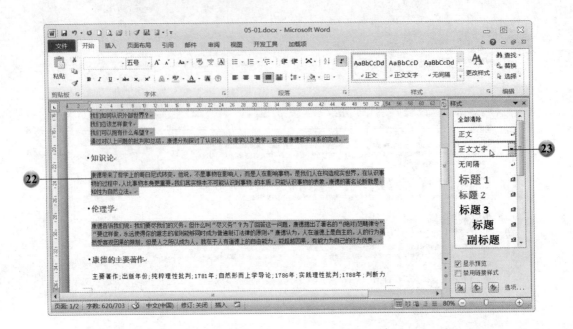

22. 同时选中文档中标题 2 "康德的主要著作" 以上的所有正文文字；

23. 单击 "样式" 任务窗格的 "正文文字" 样式，将选中文本设置为 "正文文字"，至此已经完成了对文档样式的设置。

「任务 1-3」 添加项目符号、表格及分栏

项目符号	1. 左侧缩进量为 0.74 厘米
	2. 应用文本参见结果文档 05–01.pdf
表格	1. 列数：2
	2. 行数：5
	3. 段落格式：段前和段后间距为 0
	4. 应用文本参见结果文档 05–01.pdf
题注	1. 标签：表格
	2. 题注内容：康德的著作及出版年份
分栏	1. 分为 2 栏，栏间距为 2 字符
	2. 标题 1 "康德" 后面的正文文本（具体参见结果文档 05–01.pdf）

解题步骤

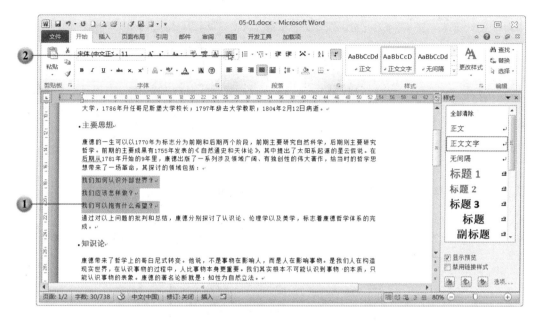

1. 选定标题"主要思想"下面需要添加项目符号的 3 行文字；
2. 单击"开始"/选项卡"项目符号"按钮；

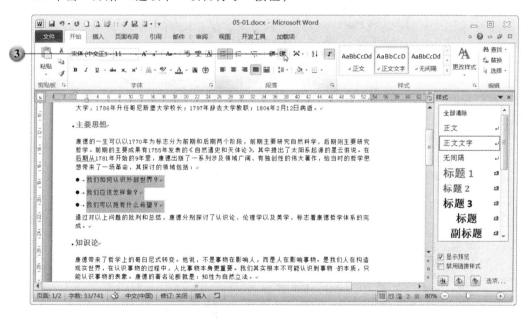

3. 保持项目符号列表为被选中状态，单击"开始"选项卡/"增加缩进量"按钮；

4. 选定表格中的文本（标题"康德的主要著作"以下的一段文字）；

5. 单击"插入"选项卡/"表格"下拉按钮，在下拉菜单中单击"文本转换成表格"；

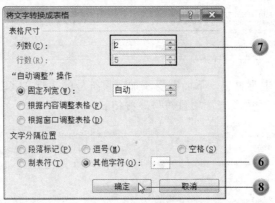

6. 在打开的"将文字转换成表格"对话框的"文字分隔位置"组，选中"其他字符"，并在后面的文本框中输入"；"（注意：此符号需要在英文半角状态下输入）；

7. 在"列数"文本框输入"2"，此时"行数"文本框中的数值会自动调整为"5"；

8. 单击"确定"按钮，将这段文本转换为表格。

9. 选中表格，并将其中文字的段前和段后的间距都调整为 0，效果如图所示；
10. 单击"引用"选项卡/"插入题注"按钮；

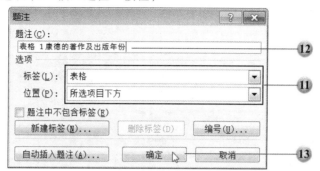

11. 在打开的"题注"对话框中，设置题注的选项，在"位置"下拉列表框中选择"所选项目下方"，在"标签"下拉列表框中选择"表格"；
12. 在"题注"文本框中，会显示"表格 1"，在其后输入文字"康德的著作及出版年份"；
13. 单击"确定"按钮；

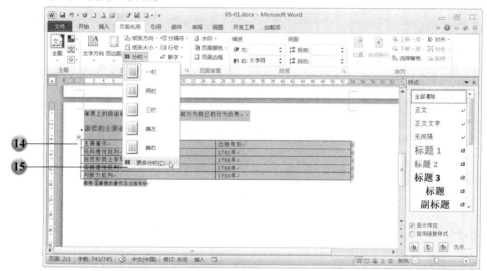

14. 选中文档中需要分栏的文字（从标题 2"生平"开始一直到题注"康德的著作及出版年份"，注意不要选中最后的段落标记）；
15. 单击"页面布局"选项卡/"分栏"按钮，在下拉菜单中单击"更多分栏"；

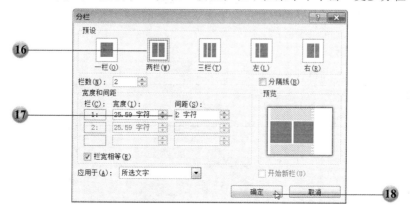

16. 在打开的"分栏"对话框中，单击"两栏"；
17. 在"间距"文本框中输入"2字符"；
18. 单击"确定"按钮；

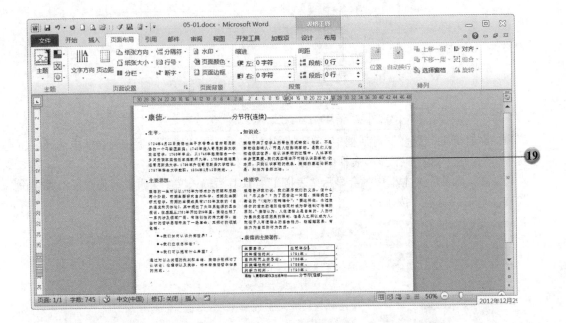

19. 完成的效果如图所示，在分栏文字的首尾会各出现一个连续型分节符。

「任务 1-4」 添加注释、边框和页脚

尾注	1. 位于节的结尾处
	2. 编号样式为"1,2,3, …"
	3. 内容为"为该书第一版出版时间。"
边框	1. 自定义下边框，并应用于段落
	2. 颜色：蓝色,强调文字颜色 1
	3. 宽度：2.25 磅
	4. 应用于标题 1"康德"
页脚	1. 内置样式：空白
	2. 内容：交流稿

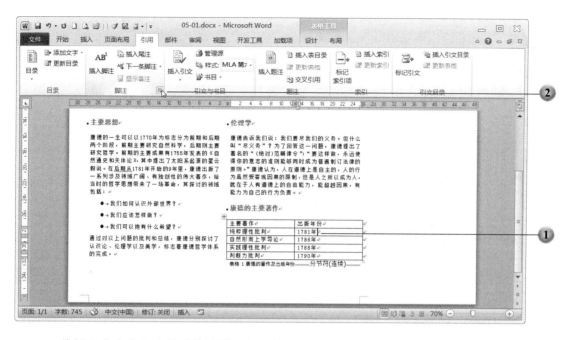

1. 将插入点定位在文档表格中第 2 行、第 2 列单元格内容"1781 年"后面；
2. 单击"引用"选项卡/"脚注对话框启动器"按钮；

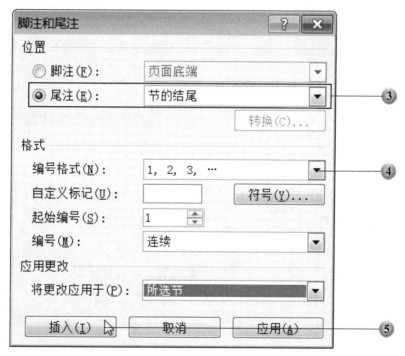

3. 在打开的"脚注和尾注"对话框中，选中"尾注"，在右侧的下拉列表框中选择"节的结尾"作为尾注插入的位置；
4. 在"编号格式"下拉列表框中选择"1，2，3，…"编号样式；
5. 单击"插入"按钮，此时会自动定位到插入点；

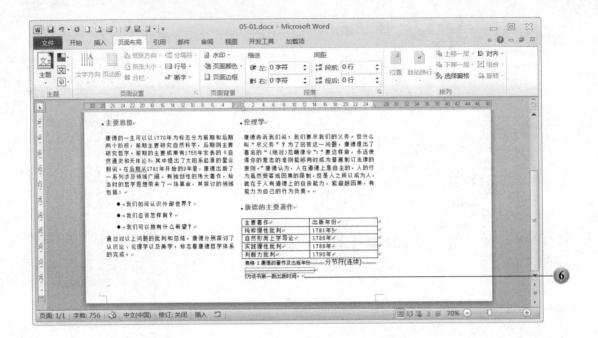

6. 输入文本"为该书第一版出版时间。";

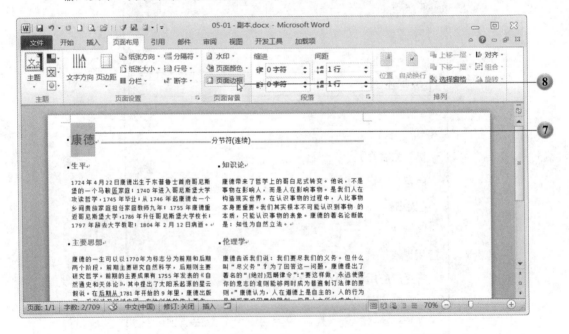

7. 选中文档中的标题 1 文本"康德";

8. 单击"页面布局"选项卡/"页面边框"按钮;

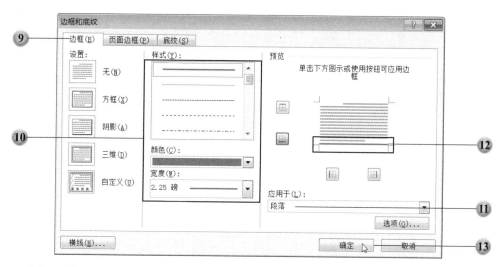

9. 在打开的"边框和底纹"对话框中，单击"边框"选项卡；

10. 在"样式"列表框中选择直线型边框，在"颜色"下拉列表框中选择"蓝色,强调文字颜色 1"，在"宽度"下拉列表框中选择"2.25 磅"；

11. 在"应用于"下拉列表框中选择"段落"；

12. 在右侧的"预览"区域中，仅保留"下部边框"（可以通过直接单击预览区域或者左侧和下侧按钮来调整）；

13. 单击"确定"按钮，会看到在文档标题段落"康德"下面添加了一条横线；

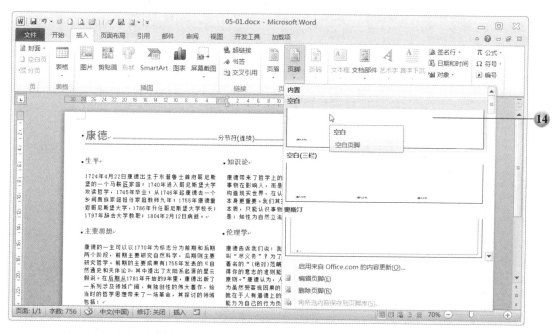

14. 单击"插入"选项卡/"页脚"按钮，在下拉菜单中单击"空白"，此时文档会进入页脚的编辑状态；

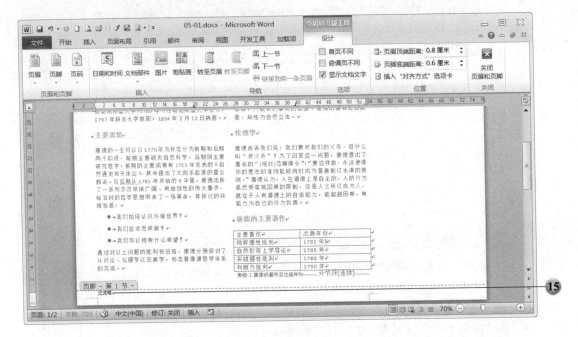

15. 输入文本"交流稿"（注意：如果在输入的文本下方产生段落标记，请删除）；

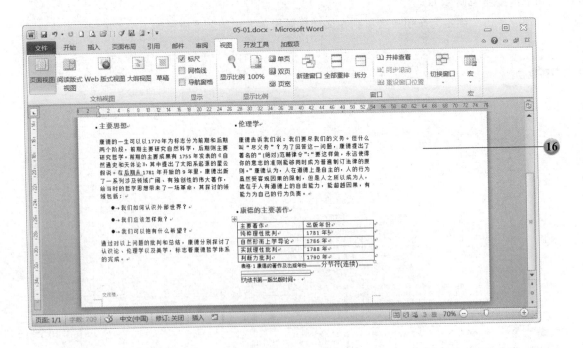

16. 完成的效果如图所示，有时在插入了页脚之后，会产生一个新的空白页面，那么可以选中空白页面的首行，将其行距设置为"固定值"，数值为"1磅"，这个空白页面就会消失。

「任务 1-5」 插入图片和文本框并保存文档

 任务要求

图片	1. 图片样式：矩形投影 2. 环绕方式：四周型 3. 绝对水平位置：20.5 厘米（相对于页边距） 4. 绝对垂直位置：1 厘米（相对于页边距） 5. 图片文件：05-01.png
文本框	1. 绝对水平位置：20.5 厘米（相对于页边距） 2. 绝对垂直位置：8 厘米（相对于页边距） 3. 高度：9.5 厘米 4. 宽度：7 厘米 5. 填充颜色：纸莎草纸 6. 字体：标题行加下画线，居中对齐，字号为四号，行距为 1.5 倍，其余文字字号为五号，行距为 1.15 倍
保存	1. 格式：PDF 2. 文档名：05-01.pdf

解题步骤

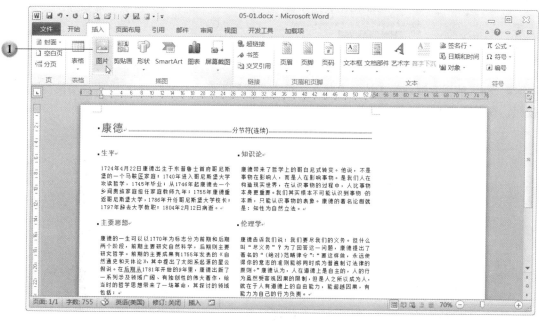

1. 单击"插入"选项卡 / "图片"按钮；

2. 在打开的"插入图片"对话框中，打开图片"05-01.png"所在文件夹，选中该文件；
3. 单击"插入"按钮；

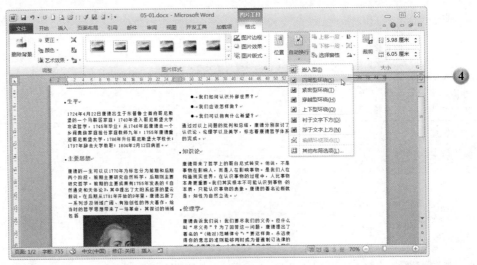

4. 插入的图片默认处于被选中状态，单击"图片工具：格式"选项卡/"自动换行"下拉按钮，在下拉菜单中单击"四周型环绕"，然后将图片拖动到文档右上部；

5. 单击"图片工具：格式"选项卡/"图片样式"列表框中的"矩形投影"样式；

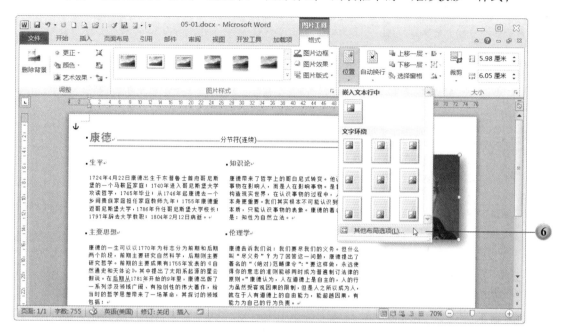

6. 单击"图片工具：格式"选项卡/"位置"下拉按钮，在下拉菜单中单击"其他布局选项"；

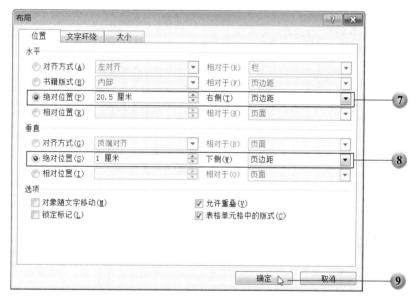

7. 在打开的"布局"对话框的"位置"选项卡中，选中"水平"组中的"绝对位置"，在"右侧"下拉列表框中选择"页边距"作为度量标准，然后在"绝对位置"文本框中输入"20.5厘米"；

8. 在"垂直"组中选中"绝对位置"，在"下侧"下拉列表框中选择"页边距"作为度量标准，然后在"绝对位置"文本框中输入"1厘米"；

9. 单击"确定"按钮，完成对图片精确位置的调整；

10. 单击"插入"选项卡/"文本框"下拉按钮，在下拉菜单中单击"绘制文本框"，然后在文档右下侧拖动出一个文本框；

11. 确保该文本框处于被选中状态，在"绘图工具：格式"选项卡/"大小"组的"形状高度"和"形状宽度"文本框中分别输入"9.5 厘米"和"7 厘米"（也可以通过数值调节钮调整）；

12. 单击"绘图工具：格式"选项卡/"位置"下拉按钮，在下拉菜单中单击"其他布局选项"；

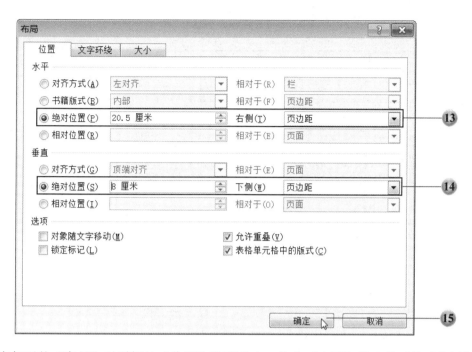

13. 在打开的"布局"对话框的"位置"选项卡中，选中"水平"组中的"绝对位置"，在"右侧"下拉列表框中选择"页边距"作为度量标准，然后在"绝对位置"文本框中输入"20.5厘米"；

14. 在"垂直"组中，选中"绝对位置"，在"下侧"下拉列表框中选择"页边距"作为度量标准，然后在"绝对位置"文本框中输入"8厘米"；

15. 单击"确定"按钮，完成对文本框精确位置的调整；

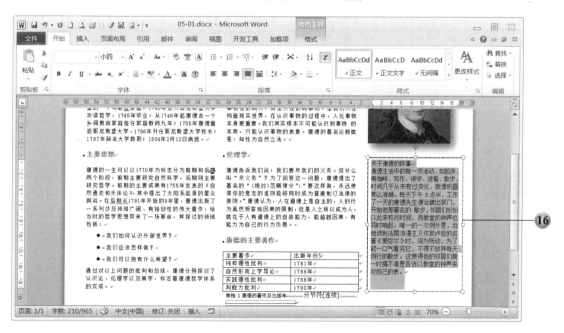

16. 将文档"05-01.txt"中的从"关于康德的轶事"开始的内容复制到文本框中；

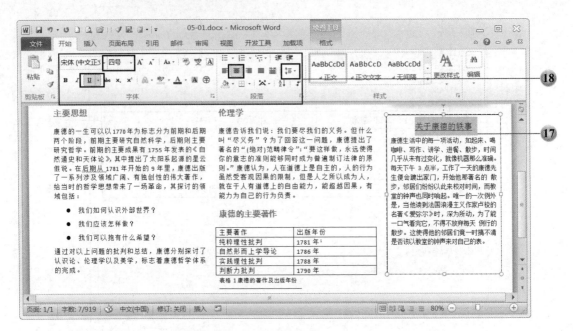

17. 选中文本框中的标题"关于康德的轶事";

18. 在"开始"选项卡中，单击"下画线"按钮，字号选择"四号"，对齐方式选择"居中"，行距选择"1.5 倍";

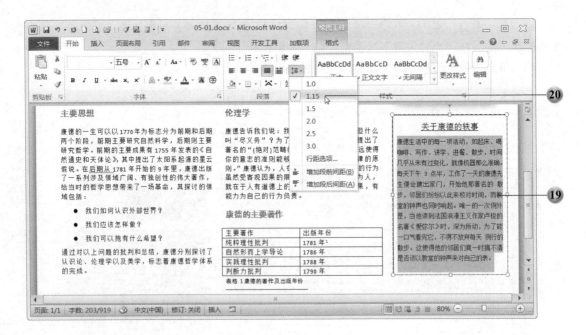

19. 选中文本框中标题下方文字;

20. 单击"开始"选项卡/"行距"下拉按钮，在下拉菜单中选择 1.15 倍行距;

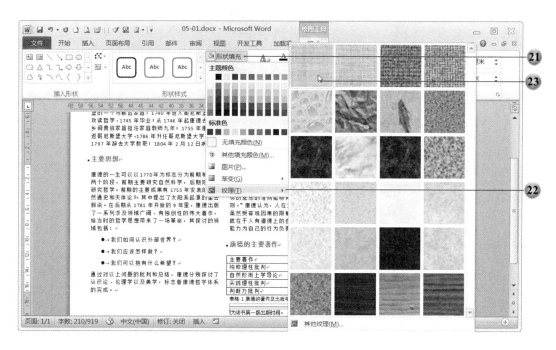

21. 单击"绘图工具：格式"选项卡/"形状填充"下拉按钮；

22. 在下拉菜单中单击"纹理"；

23. 在扩展菜单中单击"纸莎草纸"，完成对文本框的设置；

24. 单击"文件"选项卡/"另存为"按钮；

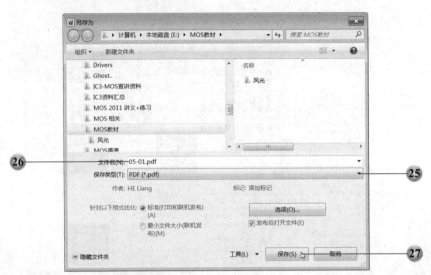

25. 在打开的"另存为"对话框中，在"保存类型"下拉列表框中选择"PDF（*.pdf）";

26. 在"文件名"文本框中输入"05-01.pdf";

27. 单击"保存"按钮。

单元 2   应用 Excel 管理和分析数据

	A	B	C	D	E
1	日期	类型	数量	价格（元）	销售额（百万元）
2	2012/1/1	笔记本电脑	1481	3200	4.7392
3	2012/1/1	上网本电脑	1575	2100	3.3075
4	2012/1/1	平板电脑	882	2800	2.4696
5	2012/1/2	平板电脑	900	2800	2.52
6	2012/1/2	上网本电脑	1532	2100	3.2172
7	2012/1/3	笔记本电脑	1561	3200	4.9952
8	2012/1/3	上网本电脑	1551	2100	3.2571
9	2012/1/4	上网本电脑	1518	2100	3.1878
10	2012/1/4	平板电脑	812	2800	2.2736
11	2012/1/4	笔记本电脑	1282	3200	4.1024
12	2012/1/5	平板电脑	880	2800	2.464
13	2012/1/6	笔记本电脑	1516	3200	4.8512
14	2012/1/6	上网本电脑	1564	2100	3.2844
15	2012/1/7	平板电脑	840	2800	2.352
16	2012/1/7	上网本电脑	1515	2100	3.1815
17	2012/1/7	笔记本电脑	1530	3200	4.896
18	2012/1/8	平板电脑	993	2800	2.7804
19	2012/1/8	笔记本电脑	1248	3200	3.9936
20	2012/1/8	上网本电脑	1530	2100	3.213

ABC平板电脑销售趋势分析

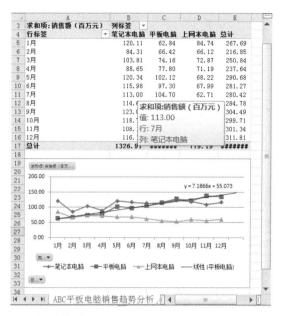

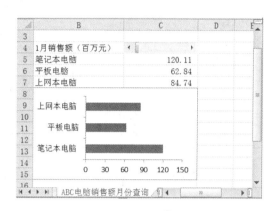

素材文档：05-02.txt；05-02.xlsx

结果文档：**05-02-R.xlsx**

案例分析：

本案例的目的是使用光盘中所提供的素材（文本及 Excel 工作簿），建立规范的数据清单，并以此为基础应用数据透视表和数据透视图进行数据分析，预测未来的发展趋势。最后建立一个小型的查询系统，可以动态显示每个月的销售情况，并以图表的形式呈现数据，以便进行比较分析。

相关能力点

- 导入外部数据；
- 应用 VLOOKUP 函数匹配数据；
- 设置单元格格式；
- 建立数据透视表和数据透视图；
- 添加趋势线；
- 应用 INDEX 函数查询数据；
- 建立和修改图表；
- 保护工作表和工作簿。

制作流程

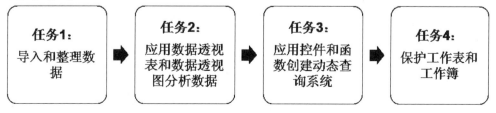

任务1：导入和整理数据 → 任务2：应用数据透视表和数据透视图分析数据 → 任务3：应用控件和函数创建动态查询系统 → 任务4：保护工作表和工作簿

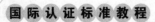
「任务 2-1」 导入和整理数据

导入数据	1. 数据源：05-02.txt
	2. 导入位置："ABC 电脑销售明细"工作表，A1 单元格
添加字段	1. D1 单元格：价格（元）
	2. E1 单元格：销售额（百万元）
添加函数与 公式	1. 在 D 列显示 B 列中相应产品类型的价格，价格信息存储在"价格表"工作表中
	2. 在 E 列显示每种产品当日的销售额（销售额=数量×价格），并以百万元为单位来显示
表格格式	为 A1：E889 单元格区域添加所有内部和外部边框线

解题步骤

1. 打开工作簿"05-02.xlsx"，选定工作表"ABC 电脑销售明细"中的 A1 单元格；
2. 单击"数据"选项卡/"自文本"按钮；

3. 在打开的"导入文本文件"对话框中，打开文档"05-02.txt"所在文件夹，并选定该文件；

4. 单击"导入"按钮；

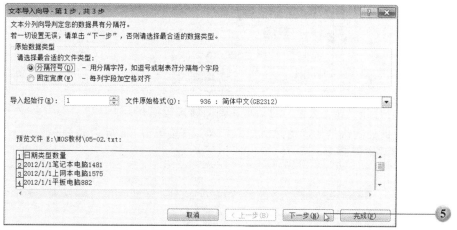

5. 在接着打开的"文本导入向导-第1步,共3步"对话框中，直接单击"下一步"按钮；

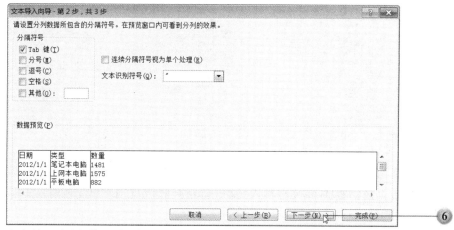

6. 在"文本导入向导-第2步,共3步"对话框中，再次单击"下一步"按钮；

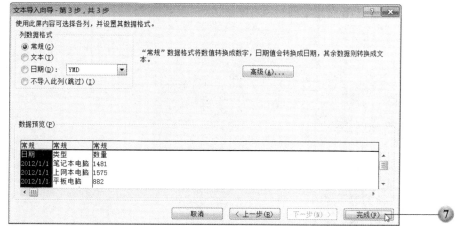

7. 在"文本导入向导-第3步,共3步"对话框中，单击"完成"按钮；

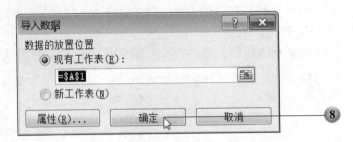

8. 此时会打开"导入数据"对话框，询问导入数据开始的位置，因为之前已经选定了 A1 单元格，因此此处默认是从该单元格开始导入，直接单击"确定"按钮；

9. 导入数据后，在 D1 单元格输入文本"价格（元）"，在 E1 单元格输入文本"销售额（百万元）"，然后选定 D2 单元格；

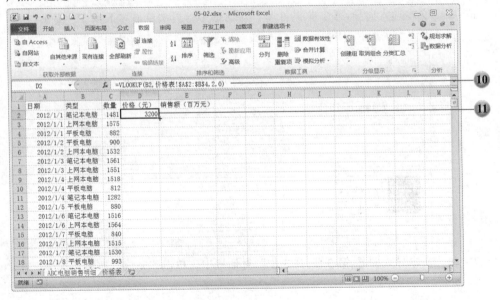

10. 在 D2 单元格中输入函数"=VLOOKUP(B2,价格表!$A$2:$B$4,2,0)",然后按 Enter 键;

11. 再次选定 D2 单元格,将光标移动到单元格右下角填充柄,当光标变为"十字"时,双击填充柄,将 D2 单元格中的函数复制到单元格 D889;

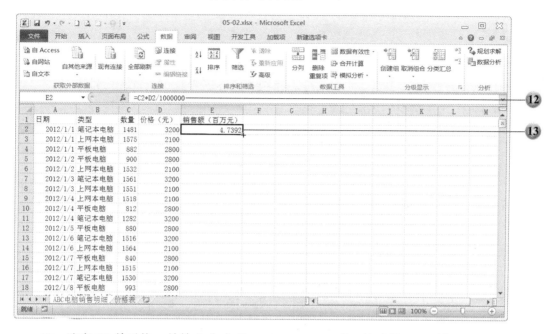

12. 选定 E2 单元格,并输入公式"=C2*D2/1000000",然后按 Enter 键;

13. 再次选定 E2 单元格,将光标移动到单元格右下角填充柄,当光标变为"十字"时,双击填充柄,将 E2 单元格中的函数以相对引用的方式复制到单元格 E889;

14. 选定单元格区域"A1:E889";

15. 单击"开始"选项卡/"边框"按钮右侧的下拉箭头,在下拉菜单中单击"所有框线"。

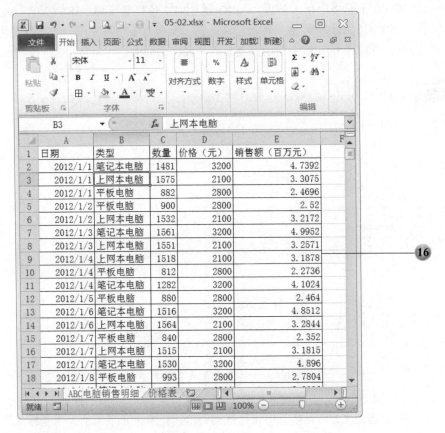

16

16. 完成效果如图所示。

「任务 2-2」 应用数据透视表和数据透视图分析数据

建立数据透视表	1. 位置：名称为"ABC 平板电脑销售趋势分析"的新工作表
	2. 行标签：日期
	3. 列标签：类型
	4. 求和项：销售额（百万元）
	5. 求和项数字格式：数值，保留两位小数
	6. 分组：将"日期"字段按照月份分组
建立数据透视图	1. 图表类型"带数据标记的折线图"
	2. 图例：图表底部
添加趋势线	1. 添加系列：平板电脑
	2. 类型：线性
	3. 趋势预测：前推 1 个周期
	4. 选项：显示公式

解题步骤

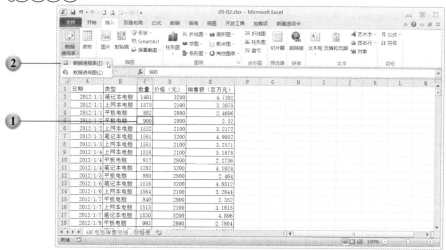

1. 选中工作表"ABC 电脑销售明细"中的数据区域的任意一个单元格；
2. 单击"插入"选项卡/"数据透视表"下拉按钮，在下拉菜单中单击"数据透视表"；

3. 在打开的"创建数据透视表"对话框中，接受默认设置，直接单击"确定"按钮；

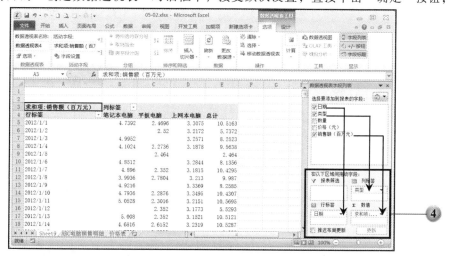

4. 在打开的"数据透视表字段列表"任务窗格中，将"日期"字段拖动到"行标签"区域，将"类型"字段拖动到"列标签"区域，将"销售额（百万元）"字段拖动到"数值"区域，此时，可以看到，左侧工作表中已经建立起数据透视表；

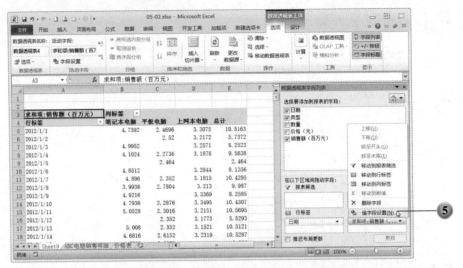

5. 单击"数值"区域中的"求和项：销售额（百万元）"字段，在菜单中单击"值字段设置"；

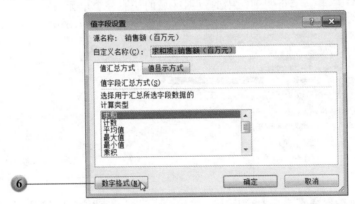

6. 在打开的"值字段设置"对话框中，单击左下方的"数字格式"按钮；

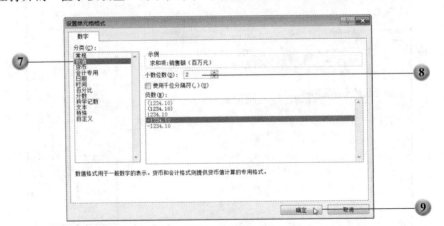

7. 在打开的"设置单元格格式"对话框中，选中"分类"列表框中的"数值"；
8. 在右侧"小数位数"文本框中输入"2"；
9. 单击"确定"按钮；

10. 返回"值字段设置"对话框后，单击"确定"按钮，完成对于求和项数字格式的设置；

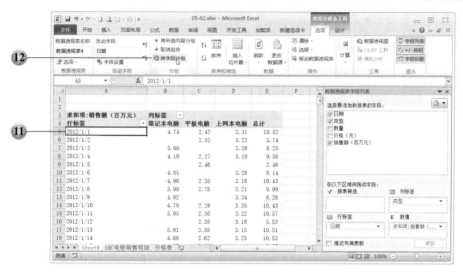

11. 选中 A5 单元格；

12. 单击"数据透视表工具：选项"选项卡/"将字段分组"按钮；

13. 在打开的"分组"对话框中，在"步长"列表框中选中"月"；

14. 选中"起始于"复选框，并在右侧文本框中输入"2012/1/1"，选中"终止于"复选框，并在右侧文本框中输入"2013/1/1"；

15. 单击"确定"按钮；

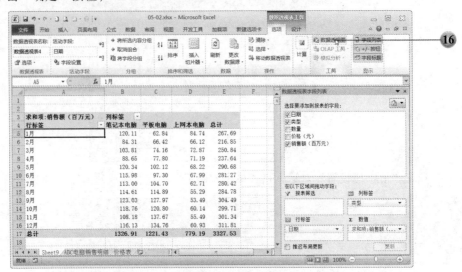

16. 单击"数据透视表工具：选项"选项卡/"数据透视图"按钮；

17. 在打开的"插入图表"对话框中，选中"折线图"组的"带数据标记的折线图"；
18. 单击"确定"按钮，插入数据透视图，并将插入的图表移动到数据透视表下方；

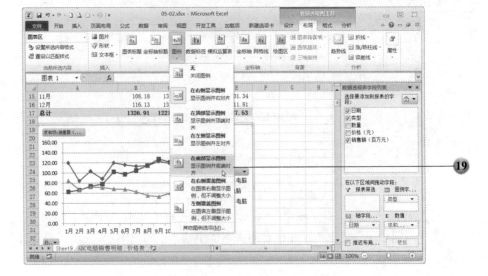

19. 单击"数据透视图工具：布局"选项卡/"图例"下拉按钮，在下拉菜单中单击"在底部显示图例"；

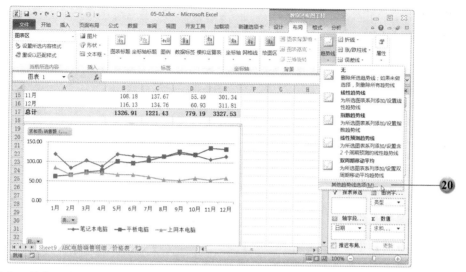

20. 单击"数据透视图工具：布局"选项卡/"趋势线"下拉按钮，在下拉菜单中单击"其他趋势线选项"；

21. 在打开的"添加趋势线"对话框中，选中"平板电脑"；

22. 单击"确定"按钮；

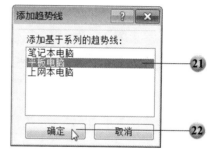

23. 在打开的"设置趋势线格式"对话框的"趋势线选项"选项卡中，选中"线性"；

24. 在"趋势预测"组的"前推"文本框中输入"1"；

25. 选中"显示公式"复选框；

26. 单击"关闭"按钮；

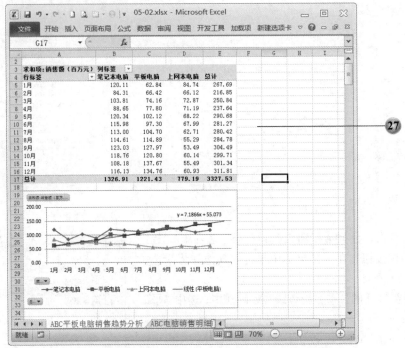

27. 将数据透视表所在工作表的名称更改为"ABC 平板电脑销售趋势分析"，完成效果如图所示。

「任务 2-3」 应用控件和函数创建动态查询系统

单元格区域 B5:B7	1. B5：笔记本电脑		
	2. B6：平板电脑		
	3. B7：上网本电脑		
单元格 B4	自定义格式：G/通用格式"月销售额（百万元）"		
滚动条 （窗体控件）	1. 位置：单元格 C4		
	2. 最小值：1		
	3. 最大值：12		
	4. 步长：1		
	5. 页步长：3		
	6. 单元格链接：$B$4		

续表

添加函数	1. C5：=INDEX(ABC 平板电脑销售趋势分析!$A$5:$D$16,$B$4,2) 2. C6：=INDEX(ABC 平板电脑销售趋势分析!$A$5:$D$16,$B$4,3) 3. C7：=INDEX(ABC 平板电脑销售趋势分析!$A$5:$D$16,$B$4,4)
图表	1. 位置：单元格 B8:C15 2. 类型：簇状条形图 3. 数据源：B5:C7 4. 图例：无 5. 网格线：无 6. 数值轴：0~150，主要刻度单位为 30，刻度值保留整数

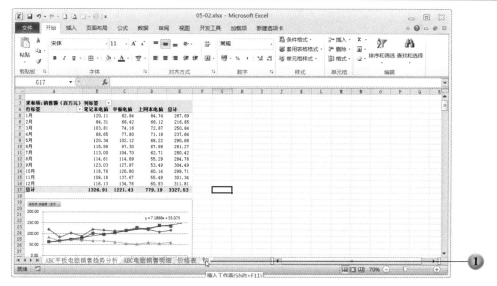

1. 单击"插入工作表"按钮，建立一个新的工作表；

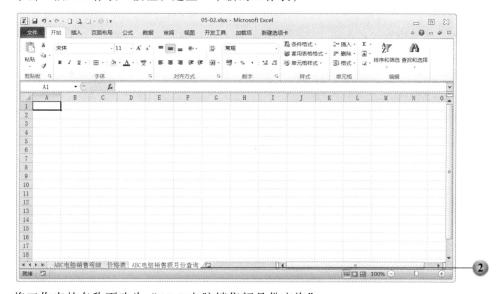

2. 将工作表的名称更改为"ABC 电脑销售额月份查询"；

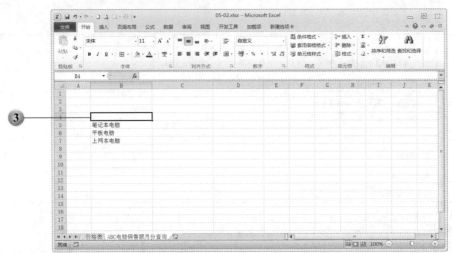

3. 在 B5:B7 单元格分别输入"笔记本电脑"、"平板电脑"和"上网本电脑"，然后选定单元格 B4；

4. 保持单元格 B4 为选定状态，按快捷键 Ctrl+1，启动"设置单元格格式"对话框，在"分类"列表框中选择"自定义"；

5. 在"类型"文本框中输入"G/通用格式"月销售额（百万元）"；

6. 单击"确定"按钮，完成单元格 B4 数字格式的设置；

7. 单击"开发工具"选项卡/"插入"下拉按钮,在下拉菜单中单击"滚动条(窗体控件)",此时光标会变成十字形状;

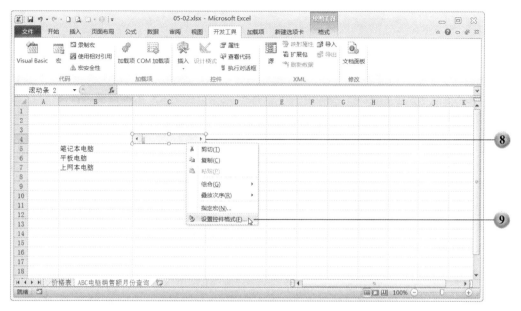

8. 用光标在单元格 C4 中拖动出一个控件(按住 Alt 键,可以使得产生的控件刚好和单元格同样大小);

9. 右击刚刚生成的控件,在快捷菜单中单击"设置控件格式";

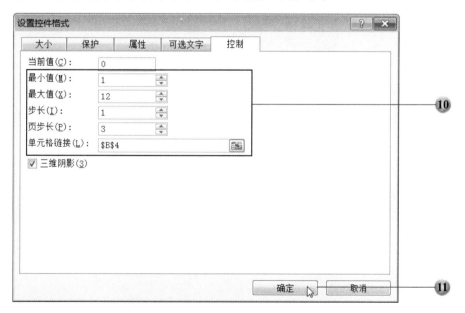

10. 在打开的"设置控件格式"对话框中,在"最小值"文本框输入"1",在"最大值"文本框输入"12",在"步长"文本框输入"1",在"页步长"文本框输入"3",在"单元格链接"文本框输入"$B$4"(可以通过鼠标点取相应单元格输入);

11. 单击"确定"按钮;

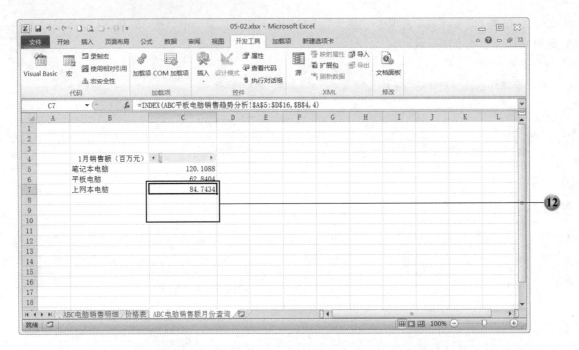

12．选定单元格 C5，在编辑栏输入函数"=INDEX(ABC 平板电脑销售趋势分析!\$A\$5:\$D\$16,\$B\$4,2)"，按 Enter 键。用同样的方法，分别在单元格 C6 中输入函数"=INDEX(ABC 平板电脑销售趋势分析!\$A\$5:\$D\$16,\$B\$4,3)"，在单元格 C7 中输入函数"=INDEX(ABC 平板电脑销售趋势分析!\$A\$5:\$D\$16,\$B\$4,4)"；

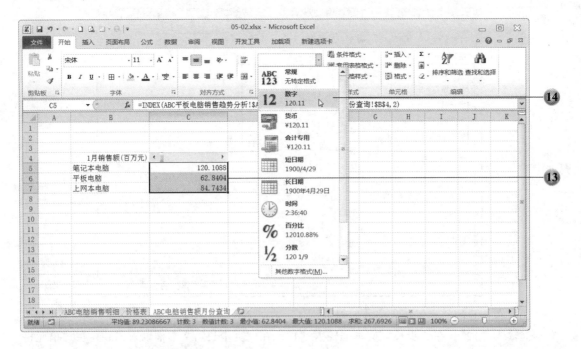

13．选定单元格区域 C5:C7；

14．单击"开始"选项卡/"数字格式"文本框右侧的箭头，在下拉菜单中单击"数字"；

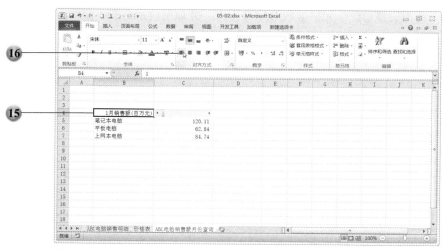

15. 选定单元格 B4；
16. 单击"开始"选项卡/"左对齐"按钮；

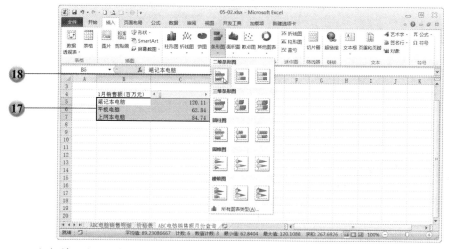

17. 选定单元格区域 B5:C7；
18. 单击"插入"选项卡/"条形图"下拉按钮，在下拉菜单中单击"簇状条形图"；

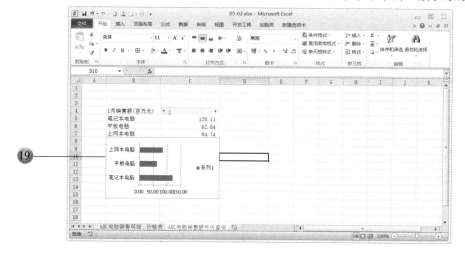

19. 将插入的图表移动到单元格区域 B5:C7 下方，并如图所示将图表调整为适合的大小；

20. 选定图表的图例，按 Delete 键，将其删除；

21. 选定图表的数值轴；
22. 单击"图表工具：布局"选项卡/"设置所选内容格式"按钮；

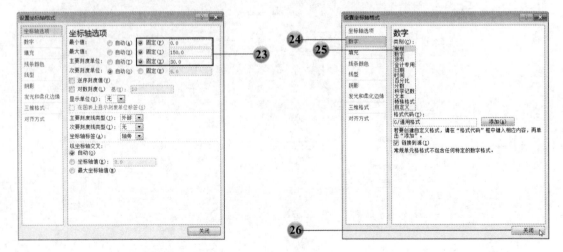

23. 在打开的"设置坐标轴格式"对话框的"坐标轴选项"选项卡中,"最小值"、"最大值"和"主要刻度单位"3个选项都选择"固定",并在右侧文本框中分别输入"0"、"150"和"30";

24. 单击"数字"选项卡;

25. 在"类别"列表中选择"常规";

26. 单击"关闭"按钮;

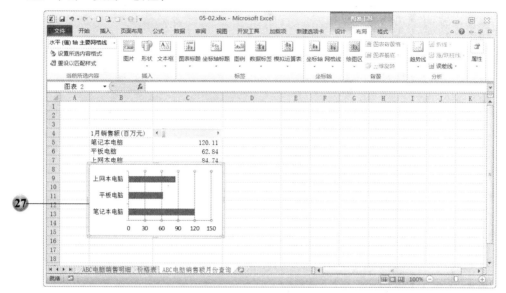

27. 选定图表网格线,然后按 Delete 键,将其删除;

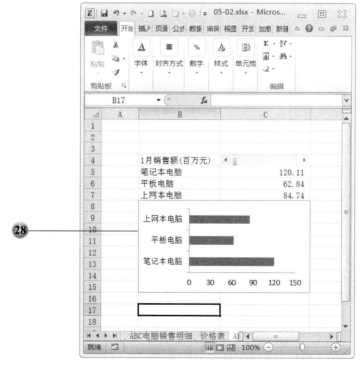

28. 完成效果如图所示。

「任务 2-4」 保护工作表和工作簿

解题步骤

保护工作表	1. 保护所有工作表
	2. 设定密码为 6 位
	3. 不允许未经授权用户选定所有锁定和未锁定单元格
保护工作簿	1. 设定密码为 6 位
	2. 仅保护工作簿的结构

1. 在工作表"ABC 电脑销售明细"中,单击"审阅"选项卡/"保护工作表"按钮;

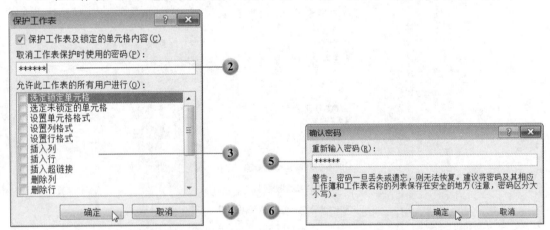

2. 在打开的"保护工作表"对话框的"取消工作表保护时使用的密码"文本框中输入 6 位密码;

3. 在"允许此工作表的所有用户进行"列表框中,取消所有复选框的选中状态;

4. 单击"确定"按钮;

5. 在"确认密码"对话框中,重新输入密码;

6. 单击"确定"按钮，完成对该工作表的保护，依照同样的方法，完成对工作簿中其他工作表的保护；

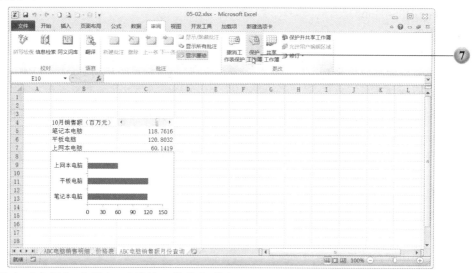

7. 单击"审阅"选项卡/"保护工作簿"按钮；

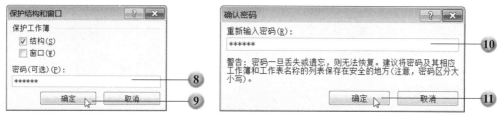

8. 在打开的"保护结构和窗口"对话框中，输入密码；

9. 单击"确定"按钮；

10. 在"确认密码"对话框中，重新输入密码；

11. 单击"确定"按钮，完成工作簿的保护。

单元3 应用 PowerPoint 制作多媒体短片

完成效果

　　素材文档：05-03.txt；05-03-01.png；05-03-02.png；05-03-03.png；05-03-04.png；05-03-05.png；
05-03-06.png；05-03-07.png；05-03-08.png；05-03-09.png；05-03-10.png；05-03-11.png；
05-03-12.png；05-03.mp3

　　结果文档：05-03.wmv

　　案例分析：

　　本案例的目的是使用光盘中所提供的素材（文本、mp3 和图片），创建一份有关德国历史
和文化介绍的演示文稿。首先应当通过母版统一演示文稿的风格，如背景和字体等。然后创建
标题幻灯片及其后的 5 张内容幻灯片，并添加文本及插入图片，然后设置其中文本框和图片的
大小和位置，并应用动画效果。再插入 SmartArt 图形和图表，并设置其格式和动画。完成以上
工作后，进一步设置演示文稿的切换效果和背景音乐。最后，将演示文稿以视频格式输出。

相关能力点

- 应用母版；
- 设置幻灯片背景；
- 设置字体和段落格式；
- 设置图形和形状的大小和位置；
- 为幻灯片中的元素添加动画；
- 创建 SmartArt 图形并设置格式；
- 创建图表并设置格式；
- 设置幻灯片切换动画；
- 插入背景音乐；
- 输出演示文稿。

制作流程

| 任务 1：通过母版设置演示文稿统一的风格 | → | 任务2：设计标题幻灯片的文本和图片 | → | 任务3：设计内容幻灯片的文本和图片 | → | 任务4：为演示文稿添加 SmartArt 图形 | → | 任务5：为演示文稿添加图表 | ⇒ | 任务6：设置切换效果和背景音乐并发布演示文稿 |

「任务 3-1」 通过母版设置演示文稿统一的风格

任务要求

幻灯片背景	背景图片："05-03-01.png"		
标题版式幻灯片的字体格式	1. 标题占位符：加粗、倾斜、微软雅黑字体、60 号字、"白色,背景 1"、0.25 磅粗的文本轮廓及"右下斜偏移"的阴影效果		
	2. 副标题占位符：加粗、倾斜、微软雅黑字体、32 号字		

续表

幻灯片背景	背景图片："05-03-01.png"
标题和内容版式幻灯片的字体和段落格式	1. 标题占位符：加粗、倾斜、微软雅黑字体、44号字、"白色,背景1"，0.25磅粗的文本轮廓及"右下斜偏移"的阴影效果 2. 内容占位符：18号字、微软雅黑字体、段前和段后间距为6磅、项目符号列表样式为"带填充效果的大圆形项目符号"，颜色为"蓝色,强调文字颜色1" 3. 页眉和页脚：显示可以自动更新的日期以及内容为"德国-历史与文化"的页脚（标题幻灯片中不要显示）

解题步骤

1. 新建一个空白演示文稿，并将其保存为"05-03.pptx"，然后单击"视图"选项卡/"幻灯片母版"按钮，此时在 PowerPoint 2010 的功能区的"开始"选项卡的左侧，会多出一个"幻灯片母版"选项卡；

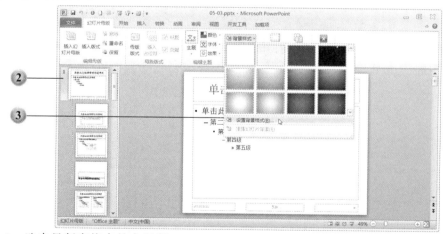

2. 选中母版窗格中的主母版；

3. 单击"幻灯片母版"选项卡/"背景样式"下拉按钮，在下拉菜单中单击"设置背景格式"；

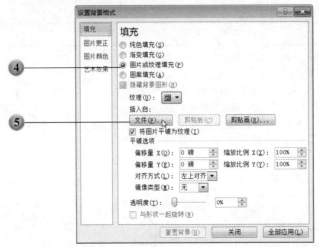

4. 在打开的"设置背景格式"对话框的"填充"选项卡中，选中"图片或纹理填充"选项；
5. 单击"文件"按钮；

6. 在打开的"插入图片"对话框中，打开图片"05-03-01.png"所在文件夹，并选中该图片；
7. 单击"插入"按钮；

8. 单击"关闭"按钮，完成背景图片的插入，可以看到母版已经被设置为所需背景；

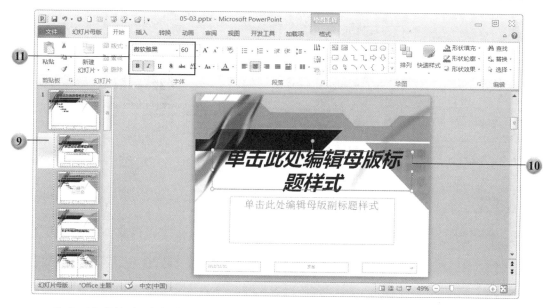

9. 选中"标题幻灯片版式"的母版；

10. 选中右侧幻灯片上的"单击此处编辑母版标题样式"占位符；

11. 在"开始"选项卡/"字体"组，为占位符中的文本添加"加粗"和"倾斜"格式，并将其字体设置为"微软雅黑"，号字设置为"60"；

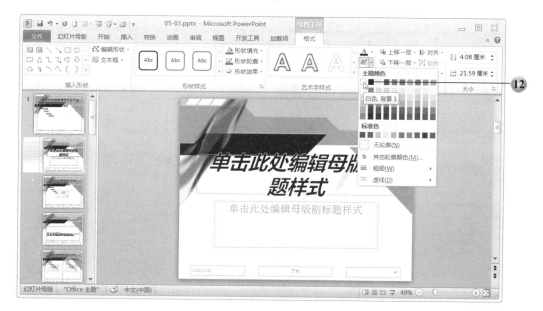

12. 单击"绘图工具：格式"选项卡/"文本轮廓"下拉按钮，在菜单中单击"白色,背景1"；

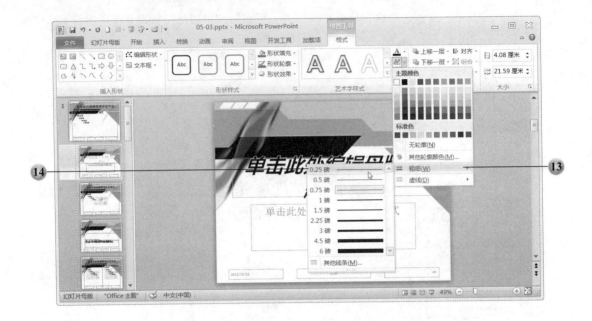

13. 再次单击"绘图工具：格式"选项卡/"文本轮廓"下拉按钮，在菜单中单击"粗细"；
14. 在扩展菜单中选择"0.25 磅"；

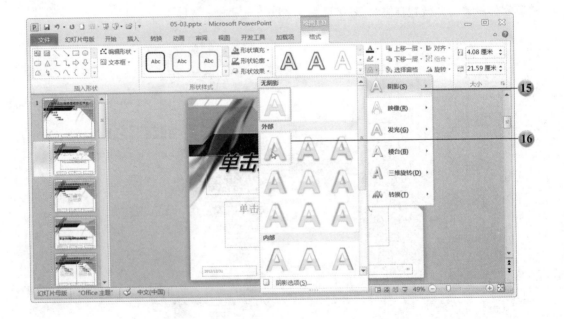

15. 单击"绘图工具：格式"选项卡/"文字效果"下拉按钮，在菜单中单击"阴影"；
16. 在扩展菜单中选择"右下斜偏移"的阴影效果；

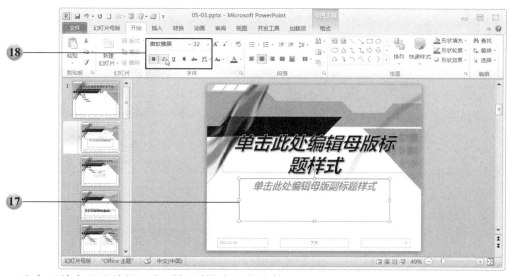

17. 选中"单击此处编辑母版副标题样式"占位符；

18. 在"开始"选项卡/"字体"组，为占位符中的文本添加"加粗"和"倾斜"格式，并将其字体设置为"微软雅黑"，字号设置为"32"；

19. 选中"标题和内容版式"的母版；

20. 与前面的方法相同，对"标题与内容"版式幻灯片的"标题"占位符中的文本格式进行设置，为其添加"加粗"和"倾斜"格式，将字体设置为"微软雅黑"，字号设置为"44"，并对其应用"白色,背景 1"、0.25 磅粗的文本轮廓及"右下斜偏移"的阴影效果；

21. 将内容占位符中的文本设置为 18 号字，微软雅黑字体，然后将插入点定位到"内容"占位符中的项目符号列表的首行；

22. 单击"开始"选项卡/"两端对齐"按钮；

23. 单击"开始"选项卡/"项目符号"按钮右侧的下拉箭头；

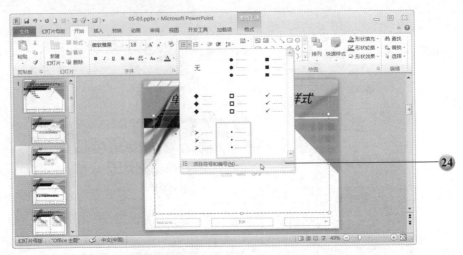

24. 在下拉菜单中单击"项目符号和编号";

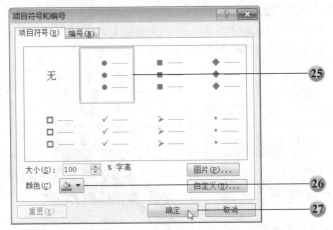

25. 在打开的"项目符号和编号"对话框中,选中"带填充效果的大圆形项目符号";
26. 单击"颜色"按钮,在菜单中选择"蓝色,强调文字颜色1";
27. 单击"确定"按钮;

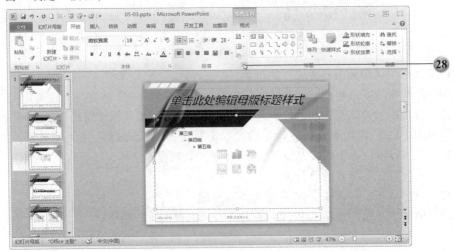

28. 单击"开始"选项卡/"段落对话框启动器"按钮；

29. 在打开的"段落"对话框中，将"段前"和"段后"间距都调整为"6磅"（其他选项按照默认设置不变）；

30. 单击"确定"按钮；

31. 单击"插入"选项卡/"页眉和页脚"按钮；

32. 在打开的"页眉和页脚"对话框的"幻灯片"选项卡中，选中"日期和时间"复选框，然后选中下方的"自动更新"选项；

33. 选中"页脚"复选框，然后在下方的文本框中输入文本"德国-历史与文化"；

34. 选中"标题幻灯片中不显示"复选框；

35. 单击"全部应用"按钮；

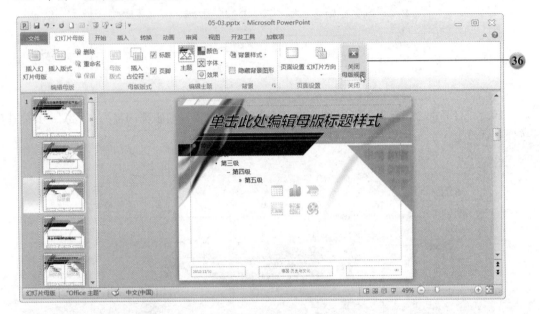

36. 单击"幻灯片母版"选项卡/"关闭母版视图"按钮；

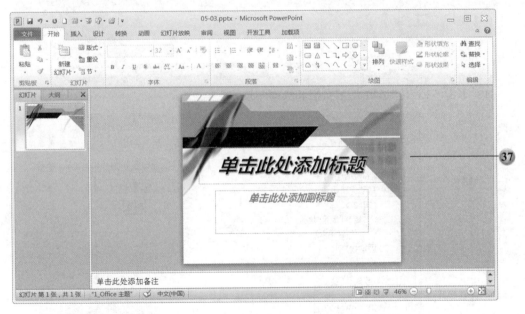

37. 完成效果如图所示。

「任务 3-2」 设计标题幻灯片的文本和图片格式

任务要求

标题占位符	1. 高度：4.08 厘米
	2. 宽度：7.4 厘米
	3. 水平位置：2.5 厘米（自左上角）
	4. 垂直位置：6.93 厘米（自左上角）
副标题占位符	1. 高度：2.33 厘米
	2. 宽度：8.8 厘米
	3. 水平位置：1.3 厘米（自左上角）
	4. 垂直位置：10.8 厘米（自左上角）
图片 "05-03-02.png"	1. 高度：16.29 厘米
	2. 宽度：10.07 厘米
	3. 水平位置：13.5 厘米（自左上角）
	4. 垂直位置：1.38 厘米（自左上角）
动画	1. 标题占位符 　　a)强调动画：闪现 　　b)开始时间：上一动画之后 2. 副标题占位符 　　a)强调动画：闪现 　　b)开始时间：与上一动画同时 3. 图片 "05-03-02.png" 　　a)进入动画：缩放 　　b)开始时间：上一动画之后

1. 选中"标题"幻灯片中的"标题"占位符；
2. 单击"绘图工具：格式"选项卡/"设置形状格式对话框启动器"按钮；

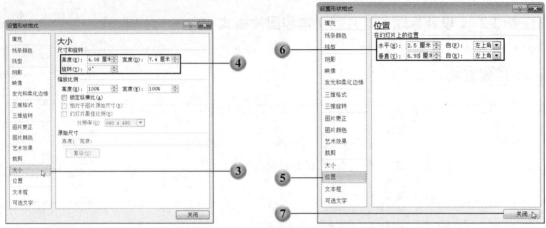

3. 在打开的"设置形状格式"对话框中，单击"大小"选项卡；

4. 在"高度"文本框中输入"4.08厘米"，在"宽度"文本框中输入"7.4厘米"；

5. 单击"位置"选项卡；

6. 以幻灯片的左上角为基准，在"水平"文本框中输入"2.5厘米"，在"垂直"文本框中输入"6.93厘米"；

7. 单击"关闭"按钮；

8. 调整完毕大小和位置后，在"标题"占位符中输入文本"德国"；

9. 依照同样的方法，调整"副标题"占位符的大小与位置，并在其中输入文本"历史与文化"（大小和位置请参见"任务要求"）；

10. 单击"插入"选项卡/"图片"按钮；

11. 在打开的"插入图片"对话框中，打开图片"05-03-02.png"所在文件夹，并选中该图片；

12. 单击"插入"按钮；

13. 与调整占位符的大小与位置方法类似，调整图片"05-03-02.png"的大小与位置（大小和位置请参见"任务要求"）；

14. 选中"标题"占位符；

15. 单击"动画"选项卡/"添加动画"下拉按钮；

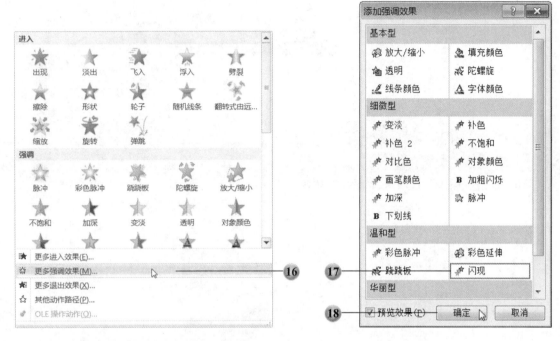

16. 在下拉菜单中单击"更多强调效果"；

17. 在打开的"添加强调效果"对话框中，选定"闪现"动画效果；

18. 单击"确定"按钮；

19. 单击"标题"占位符的动画标记；

20. 在"动画"选项卡/"开始"下拉列表框中选择"上一动画之后"，完成该动画的设置；

21. 依照同样的方法为"副标题"占位符也添加"闪现"动画效果，并在"动画"选项卡 / "开始"下拉列表框中，将动画的开始时间设置为"与上一动画同时"；

22. 和设置占位符的动画效果方法类似，设置图片"05-03-02.png"的进入动画效果为"缩放"，开始时间为"上一动画之后"，完成效果如图所示。

「任务 3-3」 设计内容幻灯片的文本和图片格式

 任务要求

	第 2 张幻灯片
标题占位符	1. 高度：3.18 厘米
	2. 宽度：13.83 厘米
	3. 水平位置：10.67 厘米（自左上角）
	4. 垂直位置：0.52 厘米（自左上角）

内容占位符	1. 高度：11.8 厘米
	2. 宽度：15.2 厘米
	3. 水平位置：9.85 厘米（自左上角）
	4. 垂直位置：6.3 厘米（自左上角）
图片"05-03-03.png"	1. 高度：12.7 厘米
	2. 宽度：9.38 厘米
	3. 水平位置：0 厘米（自左上角）
	4. 垂直位置：0 厘米（自左上角）
图片"05-03-04.png"	1. 高度：5.58 厘米
	2. 宽度：8.47 厘米
	3. 水平位置：0.45 厘米（自左上角）
	4. 垂直位置：12.35 厘米（自左上角）
动画	1. 标题占位符
	a)进入动画：挥鞭式
	b)开始时间：上一动画之后
	2. 内容占位符
	a)进入动画：切入，自底部按段落出现
	b)开始时间：上一动画之后
	3. 图片"05-03-04.png"
	a)进入动画：淡出
	b)开始时间：与上一动画同时
	4. 图片"05-03-03.png"
	a)进入动画：淡出
	b)开始时间：与上一动画同时
第 3 张幻灯片	
标题占位符	1. 高度：3.18 厘米
	2. 宽度：22.86 厘米
	3. 水平位置：1.1 厘米（自左上角）
	4. 垂直位置：0.32 厘米（自左上角）
内容占位符	1. 高度：11.4 厘米
	2. 宽度：12.2 厘米
	3. 水平位置：2.5 厘米（自左上角）
	4. 垂直位置：6.73 厘米（自左上角）
动画	1. 标题占位符
	a)进入动画：展开
	b)开始时间：上一动画之后
	2. 内容题占位符
	a)进入动画：切入，自底部按段落出现
	b)开始时间：上一动画之后

	第4张幻灯片
标题占位符	1. 高度：3.18 厘米 2. 宽度：22.86 厘米 3. 水平位置：1.3 厘米（自左上角） 4. 垂直位置：0.32 厘米（自左上角）
内容占位符	1. 高度：11.2 厘米 2. 宽度：11.6 厘米 3. 水平位置：1.7 厘米（自左上角） 4. 垂直位置：6.33 厘米（自左上角）
动画	1. 标题占位符 　　a)进入动画：缩放 　　b)开始时间：上一动画之后 2. 内容题占位符 　　a)进入动画：切入，自底部按段落出现 　　b)开始时间：上一动画之后
	第5张幻灯片
标题占位符	1. 高度：2.12 厘米 2. 宽度：15.23 厘米 3. 水平位置：9.9 厘米（自左上角） 4. 垂直位置：0 厘米（自左上角）
内容占位符	1. 高度：10.33 厘米 2. 宽度：20.23 厘米 3. 水平位置：5.17 厘米（自左上角） 4. 垂直位置：8.4 厘米（自左上角）
图片 "05-03-05.png"	1. 高度：8.6 厘米 2. 宽度：5.17 厘米 3. 水平位置：0 厘米（自左上角） 4. 垂直位置：10.53 厘米（自左上角）
图片 "05-03-06.png"	1. 高度：8.6 厘米 2. 宽度：5.17 厘米 3. 水平位置：0 厘米（自左上角） 4. 垂直位置：2.12 厘米（自左上角）
图片 "05-03-07.png"	1. 高度：6.13 厘米 2. 宽度：8.96 厘米 3. 水平位置：5.17 厘米（自左上角） 4. 垂直位置：2.12 厘米（自左上角）
图片 "05-03-08.png"	1. 高度：6.13 厘米 2. 宽度：5.77 厘米 3. 水平位置：14.12 厘米（自左上角） 4. 垂直位置：2.12 厘米（自左上角）

图片 "05-03-09.png"	1. 高度：6.12 厘米 2. 宽度：5.5 厘米 3. 水平位置：19.9 厘米（自左上角） 4. 垂直位置：2.12 厘米（自左上角）
动画	1. 标题占位符 　　a)进入动画：淡出 　　b)开始时间：上一动画之后 2. 图片 "05-03-05.png" 　　a)进入动画：劈裂 　　b)开始时间：与上一动画同时 3. 图片 "05-03-06.png" 　　a)进入动画：劈裂 　　b)开始时间：与上一动画同时 4. 图片 "05-03-07.png" 　　a)进入动画：劈裂 　　b)开始时间：与上一动画同时 5. 图片 "05-03-068.png" 　　a)进入动画：劈裂 　　b)开始时间：与上一动画同时 6. 图片 "05-03-09.png" 　　a)进入动画：劈裂 　　b)开始时间：与上一动画同时 7. 内容占位符 　　a)进入动画：切入，自底部按段落出现 　　b)开始时间：上一动画之后
第 6 张幻灯片	
标题占位符	1. 高度：3.18 厘米 2. 宽度：13.42 厘米 3. 水平位置：1.27 厘米（自左上角） 4. 垂直位置：0.76 厘米（自左上角）
内容占位符	1. 高度：11.37 厘米 2. 宽度：13 厘米 3. 水平位置：1.7 厘米（自左上角） 4. 垂直位置：7.13 厘米（自左上角）
图片 "05-03-10.png"	1. 高度：4.81 厘米 2. 宽度：4.96 厘米 3. 水平位置：15.15 厘米（自左上角） 4. 垂直位置：14.29 厘米（自左上角）

续表

图片"05-03-11.png"	1. 高度：10.58 厘米 2. 宽度：8.2 厘米 3. 水平位置：17.17 厘米（自左上角） 4. 垂直位置：5.53 厘米（自左上角）
图片"05-03-12.png"	1. 高度：6.57 厘米 2. 宽度：9.96 厘米 3. 水平位置：15.47 厘米（自左上角） 4. 垂直位置：0 厘米（自左上角）
动画	1. 标题占位符 　a)进入动画：浮入，下浮 　b)开始时间：上一动画之后 2. 图片"05-03-10.png" 　a)进入动画：擦除，自左侧 　b)开始时间：上一动画之后 3. 图片"05-03-11.png" 　a)进入动画：楔入 　b)开始时间：上一动画之后 4. 图片"05-03-12.png" 　a)进入动画：回旋 　b)开始时间：上一动画之后 5. 内容占位符 　a)进入动画：回旋 　b)开始时间：上一动画之后

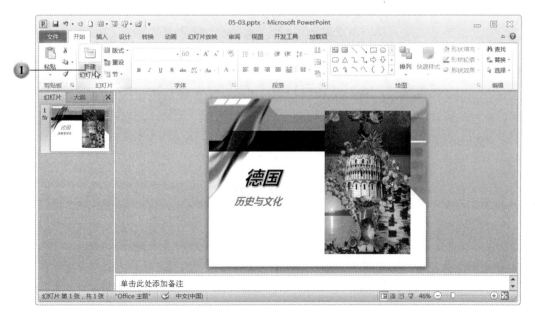

1. 单击"开始"选项卡/"新建幻灯片"下拉按钮；

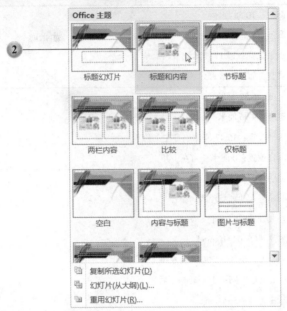

2. 在下拉菜单中单击"标题和内容"版式，会新建立一张该版式的幻灯片，使用同样的方法，再建立 4 张"标题和内容"版式的幻灯片；

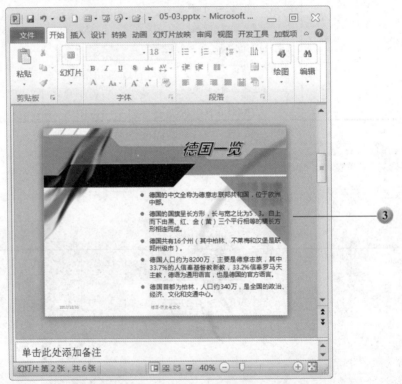

3. 选定第 2 张幻灯片，和在"标题"幻灯片中方法相同，调整幻灯片上的"标题"和"内容"占位符的大小和位置（具体要求请参见"任务要求"），并在其中输入相应文本（文本内容

可从文档"05-03.txt"中复制）；

4. 单击"插入"选项卡/"图片"按钮，启动"插入图片"对话框，打开图片"05-03-03.png"和"05-03-04.png"所在文件夹后，按住 Ctrl 键，同时选中这两张图片；

5. 单击"插入"按钮，将两张图片一次插入；

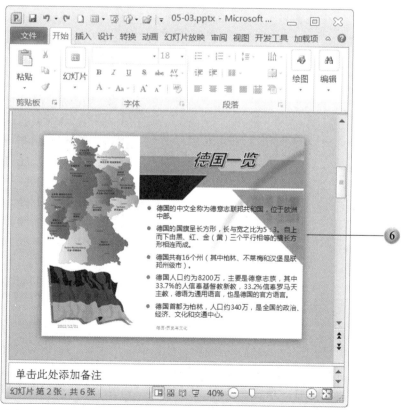

6. 与在前一张幻灯片方法相同，调整图片"05-03-03.png"和"05-03-04.png"的大小和位置；

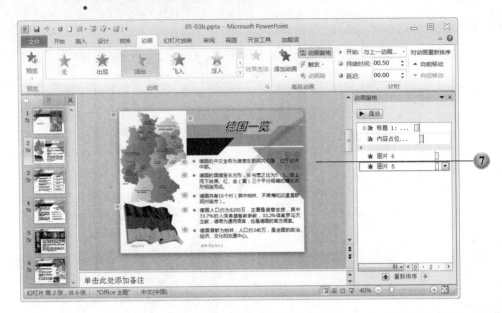

7. 依次对"标题"占位符、"内容"占位符、图片"05-03-04.png"和"05-03-03.png"添加动画并设置动画的开始时间，添加的方法和在"标题"幻灯片中为占位符和图片添加动画的方法相同（具体设置请参见任务要求）；

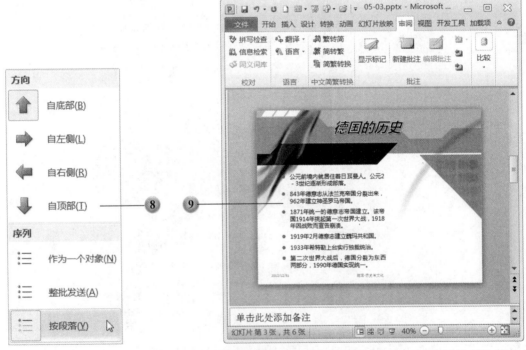

8. 添加完动画后，选中"内容"占位符，然后单击"动画"选项卡/"效果选项"下拉按钮，确认"内容"占位符的切入动画效果是由底部按段落出现；

9. 选定第 3 张幻灯片，设置"标题"占位符和"内容"占位符的大小和位置，然后输入文本，并依次为"标题"占位符和"内容"占位符添加动画，效果如图所示（具体数值和选项请参见"任务要求"，所输入文本可从文档"05-03.txt"中复制）；

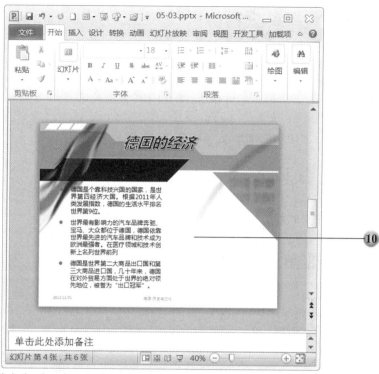

10. 选定第 4 张幻灯片，设置"标题"占位符和"内容"占位符的大小和位置，然后输入文本，并依次为"标题"占位符和"内容"占位符添加动画，效果如图所示（具体数值和选项参见"任务要求"，所输入文本可从文档"05-03.txt"中复制）；

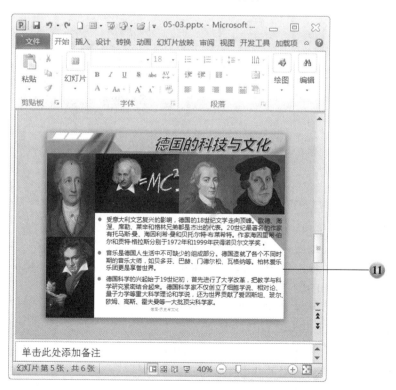

11. 选定第 5 张幻灯片，设置"标题"占位符、"内容"占位符的大小和位置，并输入文本，然后一次性插入图片"05-03-05.png"、"05-03-06.png"、"05-03-07.png"、"05-03-08.png"和"05-03-09.png"，并设置这些图片的大小和位置，最后，为幻灯片中的占位符和图片添加动画效果并设置开始时间，顺序依次为："标题"占位符、图片"05-03-05.png"、"05-03-06.png"、"05-03-07.png"、"05-03-08.png"、"05-03-09.png"和"内容"占位符（具体数值和选项请参见"任务要求"，所输入文本可从文档"05-03.txt"中复制）；

12. 同时选中幻灯片中的所有图片，单击"动画"选项卡/"效果选项"按钮，在下拉菜单中单击"左右向中央收缩"；

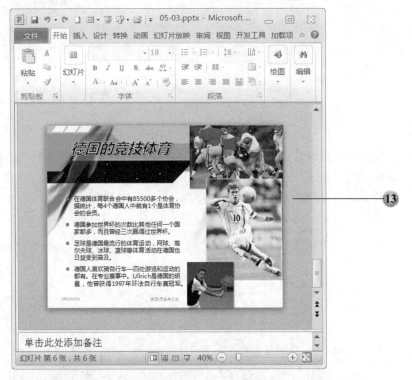

13. 选定第 6 张幻灯片，设置"标题"占位符、"内容"占位符的大小和位置，并输入文本，然后一次行插入图片"05-03-10.png"、"05-03-11.png"和"05-03-12.png"，设置这些图片的大小和位置，最后，为幻灯片中的占位符和图片添加动画效果并设置开始时间，顺序依次为："标题"占位符、图片"05-03-10.png"、"05-03-11.png"、"05-03-12.png"和"内容"占位符，效果如图所示（具体数值和选项请参见"任务要求"，所输入文本可从文档"05-03.txt"中复制）；

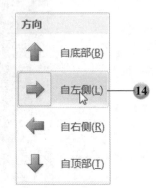

14. 选中图片"05-03-10.png"，单击"动画"选项卡/"效果选项"按钮，在下拉菜单中单击"自左侧"。

「任务 3-4」 使用为演示文稿添加 SmartArt 图形

任务要求

第 3 张幻灯片中的 SmartArt 图形	
布局	垂直流程
大小和位置	1. 高度：11.6 厘米 2. 宽度：8.43 厘米 3. 水平位置：15.7 厘米（自左上角） 4. 垂直位置：5.72 厘米（自左上角）
文本	1. 神圣罗马帝国 2. 德意志帝国 3. 魏玛共和国 4. 第三帝国 5. 德意志联邦共和国
形状大小	1. 高度：1.66 厘米 2. 宽度：8.43 厘米
颜色	彩色轮廓–强调文字颜色 6
动画	1. 开始动画：擦除，自顶部逐个出现 2. 开始时间：上一动画之后

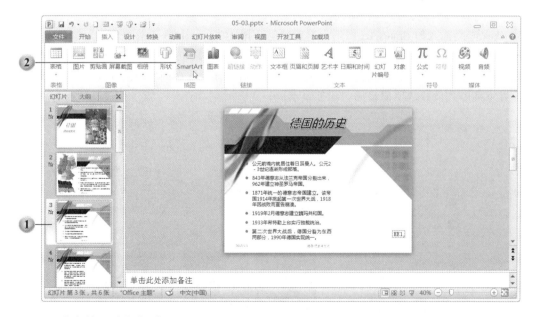

1. 选定第 3 张幻灯片；
2. 单击"插入"选项卡/"SmartArt"按钮；

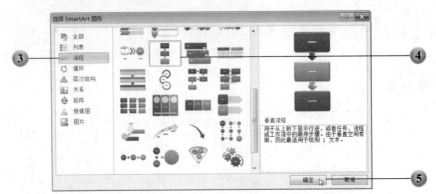

3. 在打开的 "选择 SmartArt 图形" 对话框中,单击左侧的 "流程" 选项卡;
4. 单击右侧的 "垂直流程";
5. 单击 "确定" 按钮;

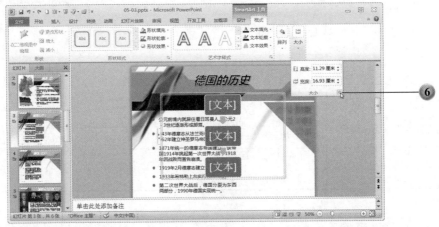

6. 确保刚刚插入的 SmartArt 图形为选定状态,单击 "SmartArt 工具:格式" 选项卡/ "大小" 下拉按钮,在下拉菜单中单击右下角的 "设置形状格式对话框启动器" 按钮,在打开的 "设置形状格式" 对话框中,与设置图片和占位符的大小和位置方法相同,调整 SmartArt 图形的大小和位置(具体数值和选项请参见 "任务要求");

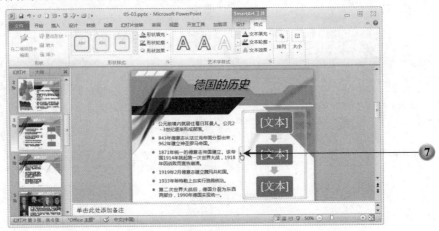

7. 单击 SmartArt 图形左侧中部的 "箭头" 按钮;

8. 在打开的对话框中分别输入每个形状中的文字（具体输入内容请参见"任务要求"）；

9. 单击右上角的"关闭"按钮；

10. 按住 Ctrl 键，同时选中 SmartArt 图形中的所有形状；

11. 单击"SmartArt 工具：格式"选项卡/"大小"下拉按钮，在下拉菜单的"宽度"文本框中，将数值更改为"8.43 厘米"；

12. 单击"SmartArt工具：设计"选项卡/"更改颜色"下拉按钮，在下拉菜单中单击"彩色轮廓-强调文字颜色6"；

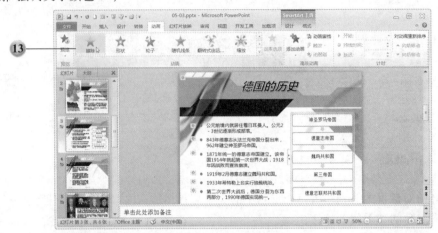

13. 确保SmartArt图形为选定状态，单击"动画"选项卡/"动画"列表框中的"擦除"动画（如果列表框中没有显示，可单击右侧向下箭头查找）；

14. 单击"动画"选项卡/"效果选项"下拉按钮，在下拉菜单中单击"自顶部"；

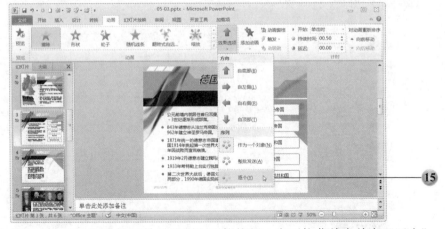

15. 再次单击"动画"选项卡/"效果选项"下拉按钮，在下拉菜单中单击"逐个"；

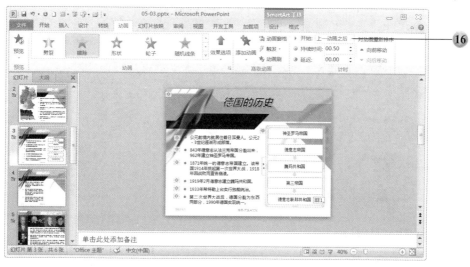

16. 在"动画"选项卡/"开始"下拉列表框中选择"上一动画之后",完成效果如图所示。

「任务 3-5」 为演示文稿添加图表

<table>
<tr><th colspan="2">第 4 张幻灯片中的图表</th></tr>
<tr><td>图表类型</td><td>簇状条形图</td></tr>
<tr><td rowspan="4">大小和位置</td><td>1. 高度:10.69 厘米</td></tr>
<tr><td>2. 宽度:11.22 厘米</td></tr>
<tr><td>3. 水平位置:13.5 厘米(自左上角)</td></tr>
<tr><td>4. 垂直位置:6.33 厘米(自左上角)</td></tr>
<tr><td rowspan="4">图表数据</td><td>1. 意大利　1847</td></tr>
<tr><td>2. 法国　　2214</td></tr>
<tr><td>3. 英国　　2288</td></tr>
<tr><td>4. 德国　　3114</td></tr>
<tr><td>网格线</td><td>无</td></tr>
<tr><td>图例</td><td>无</td></tr>
<tr><td>数值轴</td><td>无</td></tr>
<tr><td rowspan="3">垂直(类别)轴</td><td>1. 顺序:逆序类别</td></tr>
<tr><td>2. 刻度:无刻度线</td></tr>
<tr><td>3. 字体:微软雅黑</td></tr>
<tr><td rowspan="2">图表标题</td><td>1. 内容:欧洲主要国家 GDP 比较(十亿美元)</td></tr>
<tr><td>2. 字体:微软雅黑</td></tr>
<tr><td>数据标签</td><td>　数据点结尾之外</td></tr>
<tr><td rowspan="2">动画</td><td>1. 进入动画:擦除,自左侧按类别出现</td></tr>
<tr><td>2. 开始时间:上一动画之后</td></tr>
</table>

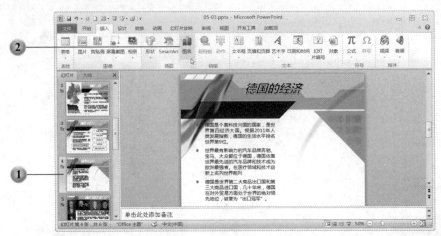

1. 选定第 4 张幻灯片；
2. 单击"插入"选项卡/"图表"按钮；

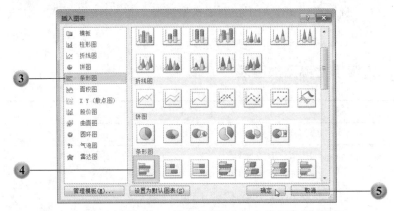

3. 在打开的"插入图表"对话框中，单击左侧的"条形图"选项卡；
4. 单击右侧的"簇状条形图"；
5. 单击"确定"按钮；

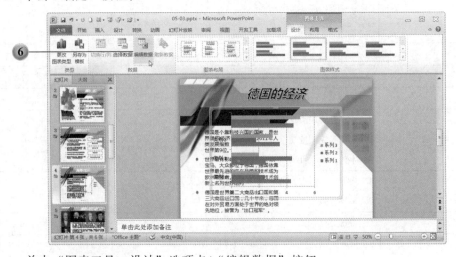

6. 单击"图表工具：设计"选项卡/"编辑数据"按钮；

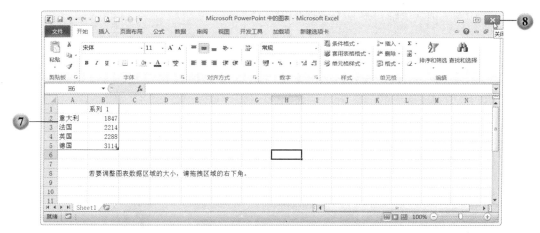

7. 在打开的 Excel 工作表中，输入所需数据（具体数据请参见"任务要求"）；

8. 关闭 Excel 工作簿；

9. 确保图表为选定状态，单击"图表工具：格式"选项卡/"设置图表区格式对话框启动器"按钮，在打开的"设置图表区格式"对话框中，与设置图片和占位符的大小和位置方法相同，调整图表的大小和位置（具体数值和选项请参见"任务要求"）；

10. 选中图表的数值轴，按 Delete 键将其删除；

11. 选中图表的图例，按 Delete 键将其删除；

12. 选中图表的网格线，按 Delete 键将其删除；

13. 单击"图表工具：设计"选项卡/"图表样式"组中的"样式 8"（如果列表框中没有显示，可单击右侧向下箭头查找）；

14. 两次单击"德国"形状，使其处于被选中状态；

15. 单击"图表工具：格式"选项卡/"形状样式"组的列表框中的"强烈效果-红色,强调颜色 2"（如果列表框中没有显示，可单击右侧向下箭头查找）；

16. 选中图表垂直（类别）轴；

17. 单击"图表工具：格式"选项卡/"设置所选内容格式"按钮；

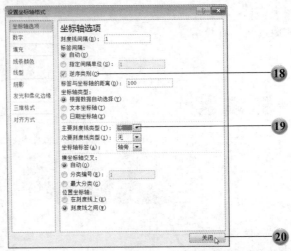

18. 在打开的"设置坐标轴格式"对话框中选中"逆序类别"复选框；
19. 在"主要刻度线类型"下拉列表框中选择"无"；
20. 单击"关闭"按钮；

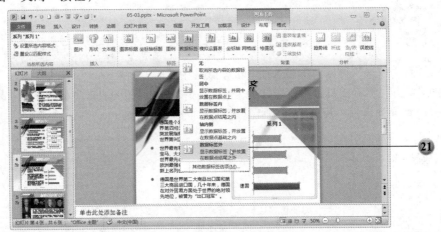

21. 单击"图表工具：布局"选项卡/"数据标签"下拉按钮，在下拉菜单中单击"数据标签外"；

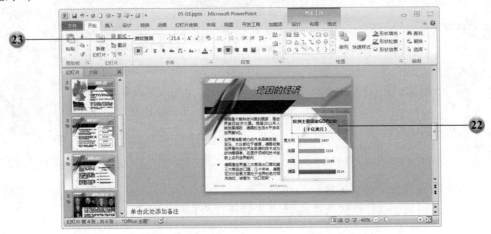

22. 选中图表标题，输入文本"欧洲主要国家 GDP 比较（十亿美元）"；
23. 保持图表标题文本框为选中状态，将字体更改为"微软雅黑"；

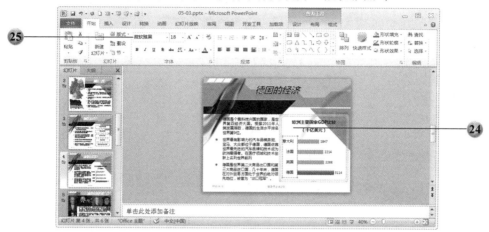

24. 选中图表垂直（类别）轴；
25. 将字体更改为"微软雅黑"；

26. 单击"动画"选项卡/"动画"列表框中的"擦除"动画（如果列表框中没有显示，可单击右侧向下箭头查找）；

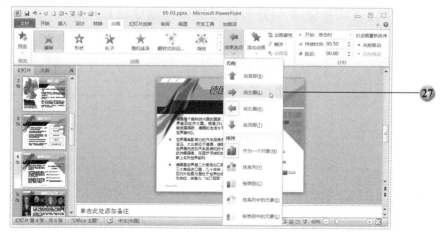

27. 单击"动画"选项卡/"效果选项"下拉按钮，在下拉菜单中单击"自左侧"；

28. 再次单击"动画"选项卡/"效果选项"下拉按钮，在下拉菜单中单击"按类别"，

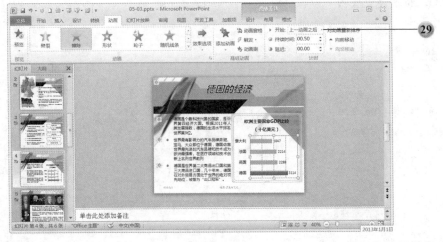

29. 在"动画"选项卡/"开始"下拉列表框中选择"上一动画之后"，完成效果如图所示。

「任务 3-6」 设置切换效果和背景音乐并发布演示文稿

 任务要求

幻灯片转换	1. 动画：淡出
	2. 自动换片时间：10 秒
	3. 应用幻灯片：全部
背景音乐	1. 文档：05-03.mp3
	2. 选项：放映时隐藏、循环播放，直到停止、跨幻灯片播放
输出文件类型	1. 视频
	2. 文件名：05-03.wmv

解题步骤

1. 单击"转换"选项卡/"切换到此幻灯片"列表框中的"淡出"动画；
2. 选中"设置自动换片时间"复选框，并在右侧文本框中输入"10"；
3. 单击"全部应用"按钮；

4. 单击"插入"选项卡/"音频"下拉按钮，在下拉菜单中单击"文件中的音频"；

5. 在打开的"插入音频"对话框中，打开文档"05-03.mp3"所在文件夹，并选中该文档；
6. 单击"插入"按钮；

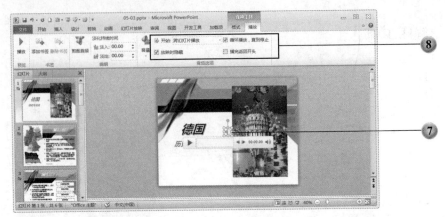

7. 选定幻灯片 1 中的音频图标；

8. 在"音频工具：播放"选项卡中，选中"放映时隐藏"和"循环播放，直到停止"复选框，然后在"开始"下拉列表框中选择"跨幻灯片播放"；

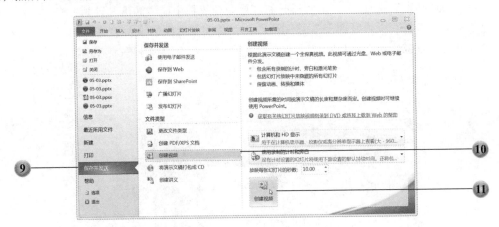

9. 单击"文件"选项卡/"保存并发送"子选项卡；

10. 在"文件类型"列表中选择"创建视频"；

11. 单击"创建视频"按钮；

12. 输入文件名"05-03.wmv"；

13. 单击"保存"按钮。